Anna MANCINI

CRÉATIVITÉ SCIENTIFIQUE

Informations utiles pour les étudiants, les chercheurs et les laboratoires de recherche

Buenos Books International

Buenos Books International, 2007
Dépôt légal: Paris, 1er trimestre 2007

2nde édition 2007 :
-brochée ISBN : 9782915495362
- reliée ISBN : 9782915495379

1ère édition en 2006 sous le titre : Comment naissent les inventions
ISBN: 2915495-21-1 (version imprimée brochée)
ISBN: 2915495-22-X (version électronique)

Buenos Books International,
35, avenue Ernest Reyer, 75014 PARIS
http://www.buenosbooks.fr
info@buenosbooks.fr

TABLE DES MATIERES

AVANT-PROPOS

En 1986, alors que j'écrivais ma thèse de doctorat dans le domaine du droit des brevets d'inventions, je me présentais à un concours dont un des membres du jury était Bernard CHENOT, alors secrétaire perpétuel de l'Académie des Sciences Morales et Politiques. A la suite de notre entretien, Bernard CHENOT m'invitait à assister aux séances du lundi, pendant lesquelles l'Académie se réunissait pour écouter les conférenciers qu'elle avait choisis. C'est ainsi que je pus, cette année-là, voir et entendre tous les grands chercheurs français et étrangers que l'Académie avait conviés pour parler du processus mental de la création scientifique. Je rencontrais François JACOB, Jean-Claude PECKER, Laurent SCHWARTZ et beaucoup d'autres savants qui me débarrassèrent définitivement de l'idée en vogue à la faculté de droit selon laquelle la rationalité seule serait utile à la science. Il était clair à entendre ces chercheurs les plus fameux que sans le rêve, l'intuition et l'imagination les chercheurs n'iraient pas très loin.

François JACOB,[1] biologiste, prix Nobel de Médecine, expliqua aux académiciens comment il eut, dans une salle de cinéma, l'intuition soudaine qui lui permit de faire une découverte très importante dans le domaine de la génétique. Intuition qu'il vérifia ensuite grâce à l'expérimentation. Tandis que Jean BERNARD[2] après avoir rappelé qu'Einstein affirmait que: “l'imagination est le vrai terrain de germination scientifique” se demandait: "l'intuition de l'artiste, l'intuition du savant sont-elles pareilles ou sont-elles différentes?"

François JACOB[3] déclarait alors: "La science de jour met en jeu des raisonnements qui s'articulent comme des engrenages, des résultats qui ont la force de la certitude..." "La science de nuit, au contraire erre à l'aveugle... Ce qui guide l'esprit alors, ce n'est pas la logique. C'est l'instinct, l'intuition". Et il ajoutait: "Rien encore n'autorise à dire si l'hypothèse nouvelle (de la science de nuit) dépassera sa forme première d'ébauche grossière pour s'affiner, se perfectionner. Si elle soutiendra l'épreuve de la logique. Si elle sera admise dans la science de jour". Jean HAMBURGER[4] estimait quant à lui que: "La biologie et la médecine n'ont pas seulement progressé par observations et outils nouveaux, elles ont progressé dans l'art de raisonner. Pendant des siècles, les chercheurs furent tiraillés entre deux tentations opposées: l'arrogance subjective, qui croit pouvoir tirer la vérité de la seule imagination, et le réalisme passif, qui se borne à accumuler les faits observés et redoute toute cogitation. Peu à peu, il apparut que la méthode efficace exigeait un juste équilibre dans le dialogue entre les informations objectives et l'imagination du chercheur..."

Quant aux découvertes mathématiques, Laurent SCHWARTZ[5] déclarait que: "Tout débute à un moment donné par la survenue d'une idée. Tout à coup, on se pose une question dont on n'a pas la réponse. C'est tout le contraire de ce que l'on fait en classe, en demandant aux élèves: "démontrez que ...".

Depuis cette série de conférences, je n'ai cessé d'explorer les conditions de survenance des idées inventives. Ce thème n'avait pas été abordé par ces illustres chercheurs qui se contentaient d'avoir de temps en temps des intuitions et des idées nouvelles sans savoir pourquoi. Or, si nous regardons de plus près, une idée nouvelle n'est jamais le fruit du hasard, elle résulte nécessairement d'un ensemble de circonstances favorables à sa survenue. *A contrario*, le maigre nombre de découvertes faites par la recherche dans son ensemble, résulte d'un certain nombre de conditions défavorables à la découverte. Partant de cette constatation, je me suis dit qu'il serait intéressant de développer une méthode pour communiquer plus efficacement avec l'inconscient qui d'après les chercheurs était à l'origine de toute innovation d'importance. Ainsi serait-il possible de se mettre dans les meilleures conditions pour obtenir de celui-ci des réponses à nos questions conscientes, au lieu d'attendre que la chance veuille bien nous sourire.

INTRODUCTION

Invités par l'Académie Française[6] à analyser le processus mental de la création scientifique, les plus grands savants contemporains ont unanimement dressé le tableau d'une science moderne qui, loin de répondre à une froide logique, place l'être humain, ses intuitions et ses rêves à l'origine des plus grandes découvertes de notre temps. A les entendre, il est clair que l'intuition et les rêves montrent la voie de la découverte et que la logique en permet la manifestation, par le biais de l'expérimentation. Mais il est clair aussi que les conditions d'émergence des idées nouvelles à travers le rêve ou l'intuition sont attribuées au hasard et à la chance. De ce fait, elles sont restées totalement inexplorées par la science. Pourtant, pour la science elle-même, il serait d'un grand intérêt de chercher à comprendre pourquoi et comment les rêves et l'intuition font naître des idées nouvelles. Les idées inventives n'arrivent jamais par hasard de même qu'il existe des conditions optimales pour leur survenance, il existe aussi des conditions optimales pour qu'elles ne surviennent pas.

Dans la course mondiale à l'innovation, imaginez quelle serait la spectaculaire avancée permise par des chercheurs et des inventeurs, qui au lieu d'attendre que la chance veuille bien leur sourire, auraient appris à tirer parti des rêves pour accéder à des idées nouvelles. L'étude rationnelle, (débarrassée de toutes légendes, superstitions et croyances religieuses ou non) du processus onirique ouvre les portes à la compréhension du phénomène inventif et permet de comprendre pourquoi certains individus sont nettement plus créatifs que d'autres et aussi de comprendre *a contrario* ce qui empêche d'être créatif. C'est à travers le rêve, que de tout temps l'humanité a eu accès à des idées fondamentales qui ont marqué le cours de notre histoire, mais ces idées furent attribuées la plupart du temps à une intervention divine, au hasard, à la chance. Malgré les tabous qui pèsent dans ce domaine, des chercheurs de renom parlent parfois des rêves qui leur ont apporté des idées nouvelles. Par exemple, le Russe DMITRY MENDELEYEV a affirmé avoir rêvé des tables qui l'ont rendu célèbre.[7] Le savant KEKULE, chimiste Allemand, a découvert, à partir d'un rêve qu'il avait fait alors qu'il s'était endormi près de la cheminée, la formule du benzène.[8] Bien d'autres scientifiques ont tiré parti des rêves pour faire des découvertes fondamentales, mais nous n'en saurons jamais rien car beaucoup préfèrent se taire plutôt que subir les représailles de leurs collègues à l'esprit borné. Mais les savants ne sont pas les seuls à dormir et donc à rêver. Les rêves inventifs, en fait, arrivent beaucoup plus souvent aux inventeurs comme j'ai pu le constater dans ma pratique professionnelle. Moins alourdi par le poids des connaissances universitaires, le cerveau des inventeurs et particulièrement des autodidactes est souvent bien plus disponible pour accueillir des idées nouvelles. Bien évidemment, ces personnes là sont beaucoup plus libres de parler de leurs rêves. C'est en côtoyant ces inventeurs auxquels j'apportais mes compétences juridiques, que j'ai pu chercher en pratique pourquoi les rêves inventifs se manifestent et comment les provoquer. En explorant les connaissances disponibles sur le rêve et le sommeil. J'ai constaté que les uns ont étudié le corps humain exclusivement et observé les cycles du sommeil, l'activité neuronale, les effets sur le sommeil et les rêves de diverses drogues, et les effets de la privation de rêves. Tandis que les autres se sont surtout attachés à comprendre la signification du langage onirique et à étudier statistiquement les rêves, en excluant presque entièrement la dimension corporelle des rêveurs. A partir ce ces constations, le bon sens m'a amenée à conclure que puisque lorsque nous rêvons, nous le faisons grâce à notre corps et à travers lui, c'est en observant les relations entre le rêve et la réalité environnementale des rêveurs que j'avais le plus de chances de découvrir ce que je cherchais. En d'autres termes, j'ai pensé qu'il fallait étudier ensemble ce qui était jusque là étudié séparément. J'ai alors commencé un patient travail de recherche, d'observation et d'expérimentation qui a duré plus de dix années et dont je fais ici une synthèse riche de découvertes qu'aucune méthode d'analyse des rêves n'a pu apporter. A travers ces recherches, l'importance du rôle joué par le corps humain dans son ensemble à la jonction du rêve et de la réalité ressort nettement, ainsi que le rôle du corps humain en tant qu'émetteur et récepteur d'informations. Beaucoup d'autres découvertes personnelles peuvent être faites grâce à la méthode de travail que j'ai élaborée au cours du temps et dont je vais vous faire part dans ce livre. Je vais donc vous présenter dans un premier chapitre, ce que j'ai découvert sur le fonctionnement du corps humain à la jonction du rêve et de la réalité. Dans un second chapitre, je vous ferai part de la méthode de travail que j'ai utilisée pour aboutir à ces conclusions et vous permettre de les vérifier par vous-mêmes. Ensuite, je vous parlerai des résultats que cette méthode permet d'atteindre. Dans le quatrième chapitre, je vous expliquerai une méthode qui permet de communiquer efficacement avec votre inconscient et dans un dernier chapitre, j'expliquerai comment vous mettre dans les meilleures conditions pour obtenir des rêves inventifs et comment déceler et lever les obstacles à leur survenance.

CHAPITRE 1

Le fonctionnement inexploré du corps humain à la jonction du rêve et de la réalité

Pour comprendre le phénomène onirique, il faut aller au-delà du rêve qui n'est qu'une partie d'un processus beaucoup plus ample. Il ne faut pas isoler le rêve de l'environnement matériel et immatériel dans lequel il se produit. En opérant de la sorte, nous pourrons observer le rôle joué par le corps humain à la jonction du rêve et de la réalité, ce qui permettra de répondre à de nombreuses questions à propos des rêves et de bien d'autres domaines. Commençons donc par observer l'environnement naturel dans lequel se produisent les rêves. Lorsque nous observons la vie terrestre, nous pouvons noter l'existence de deux ordres de réalité: ce que nous appellerons "un monde matériel" ou "monde tangible" et un "monde immatériel" ou "monde intangible". Le monde matériel se compose de tout ce que nous pouvons toucher, voir, bouger, par exemple une fleur, une pierre, une barque et aussi le corps humain. Le monde intangible comprend des choses intangibles que nous ne pouvons ni voir, ni toucher. Il s'agit de "choses immatérielles" comme les idées, les sentiments, les émotions, les parfums et aussi l'esprit humain. Nous pouvons représenter ainsi qu'il suit d'une manière schématique ces premières observations sur le monde dans lequel se produit le rêve (schéma n° 1):

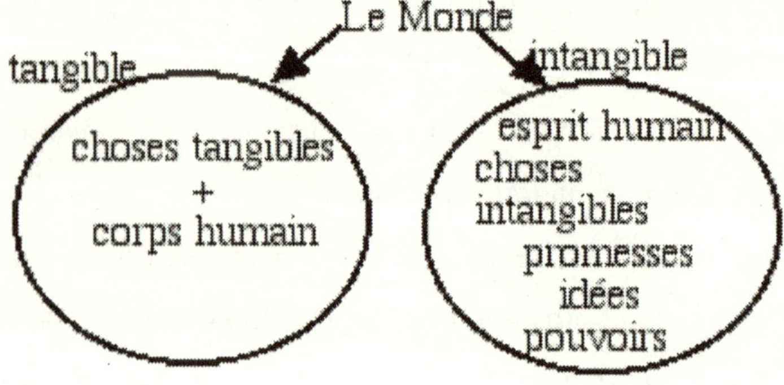

Il vous suffit d'observer un peu plus en profondeur pour vous apercevoir que ce schéma est incorrect. En effet, il présente deux mondes séparés alors que dans la réalité le monde matériel et le monde immatériel sont imbriqués. L'interpénétration de ces deux dimensions a lieu tout particulièrement dans l'être humain. Lorsque Sören KIERKEGAARD écrivait: "L'homme est une synthèse d'infini et de fini",[9] c'est cette réalité qu'il voulait traduire. La représentation schématique suivante de l'environnement dans lequel se produit le rêve est plus exacte (schéma n° 2):

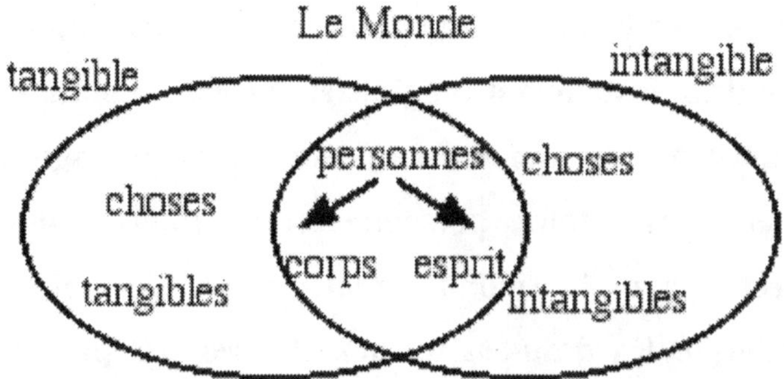

A travers ce schéma, nous pouvons observer qu'avec son corps l'être humain appartient au monde matériel, tandis qu'avec son esprit, ses idées, ses sentiments, ses rêves ou encore ses odeurs il appartient au monde intangible. En d'autres termes, les personnes sont comme un pont jeté entre le visible et l'invisible. Cet aspect de la vie humaine n'avait pas manqué d'échapper au sens de l'observation des sociétés que nous considérons comme primitives et qui en avaient tiré de nombreuses conséquences quant à leur philosophie de la vie. Au contraire, notre civilisation s'intéressant beaucoup plus au monde matériel fait montre d'une grande ignorance et d'un grand mépris relativement à certains aspects du monde intangible. De ce fait, nous ne connaissons presque rien des lois de fonctionnement du monde intangible et nous ignorons une loi fondamentale sur le fonctionnement du monde intangible, à savoir:

Pour agir sur le monde intangible, nous avons toujours besoin d'un instrument tangible et le corps humain est un excellent instrument pour atteindre l'intangible. Par son corps, toute personne est un intermédiaire naturel entre le monde matériel et le monde immatériel. En d'autres termes, il n'est pas possible d'atteindre directement le monde intangible. Nous ne pouvons le faire qu'à travers la matière, par exemple à travers notre corps.

De même, il est impossible d'agir directement sur les idées, elles aussi intangibles. Pourtant, cela ne nous empêche pas de les transmettre par la parole, le papier ou les ordinateurs.

D'une manière générale, nous dénions toute réalité (existence) à toutes les choses intangibles (et aussi à certaines choses tangibles) que nous sommes incapables de percevoir. Si nous étions, par exemple, incapables de percevoir les odeurs celles-ci n'existeraient pas pour nous.

Chaque personne vit dans sa propre et unique réalité faite du monde qu'elle perçoit et du monde qu'elle accepte. La réalité acceptée par le monde moderne occidental est très différente de la réalité acceptée par des tribus dites primitives. Pour admettre l'existence de choses que nous ne percevons pas, par exemple l'existence d'un pays lointain, nous devons croire ce que les autres nous racontent à ce sujet. De ce fait, il existe des choses que nous ne percevons pas, mais dont néanmoins nous admettons l'existence réelle. Nous les avons acceptées dans notre propre réalité. Parfois, il peut être très difficile d'expliquer à une personne une chose que nous connaissons bien, mais qui n'existe pas dans son monde. **Nous utilisons alors tout ce qui dans le monde de cette personne peut servir à décrire cette autre réalité.** Parfois, c'est tellement difficile que la personne pense que ce que nous lui racontons n'a aucun sens et que partant de là n'a aucun intérêt. C'est généralement ce qui arrive avec la plupart des rêves. Chaque nuit, les rêves nous transmettent des informations que l'esprit conscient accaparé par son "monde réel" ne perçoit pas ou n'accepte pas, mais qui cependant existent et sont captées en permanence par notre corps à partir de notre environnement immédiat ou lointain. Les rêves permettent d'accéder à une source importante d'informations que l'esprit conscient, dans l'état actuel de développement de notre cerveau n'est pas capable de percevoir. **Le réel potentiel perceptif de l'être humain est ainsi dévoilé par une approche plus globale du processus onirique. Dans cette approche, le rêve apparaît comme étant le résultat d'un processus plus global d'échange.** Le rêve résulte en fait d'une sorte de "respiration" continue entre le monde intérieur et le monde extérieur des personnes. Lorsque nous respirons, nous recevons de l'air, le transformons et le rejetons. De cette manière, nous sommes en échange constant avec le monde aérien intangible à travers nos poumons et aussi à travers toute la surface de notre peau. Cet air contient beaucoup de choses et a de multiples propriétés. Il peut par exemple être chaud et notre peau nous transmet l'information "il fait chaud", ceci pour la réception. En ce qui concerne les facultés d'émission, notre corps émet dans l'air sa propre chaleur, ses odeurs, ses hormones, son énergie, ses émotions, ses ondes électromagnétiques. C'est aussi à travers le corps que sont émises les pensées. Il nous est possible de représenter schématiquement de la manière suivante un être humain entouré de tout ce qu'il émet dans l'atmosphère et qui comprend son champ énergétique (schéma n° 3):

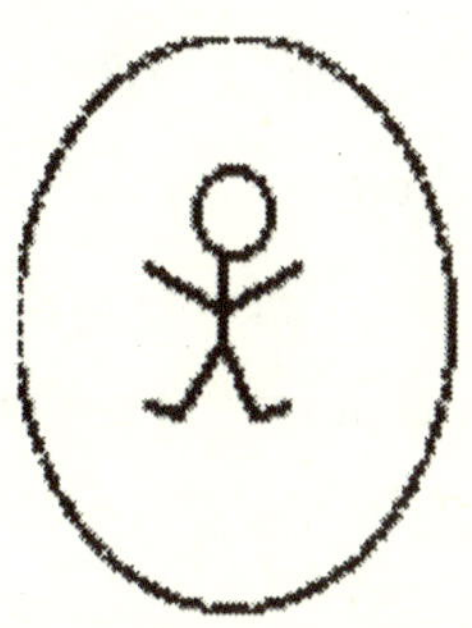

De nombreuses traditions spirituelles ont reconnu depuis longtemps l'existence de ce champ informationnel qu'elles ont appelé "aura".[10] Quant aux courants d'énergie internes, appelés méridiens d'énergie, ils sont connus en Chine depuis des millénaires et l'acupuncture chinoise a pour but de rétablir une bonne circulation énergétique dans le corps.[11] Le monde occidental commence à s'ouvrir à l'énergétique humaine. Depuis 1875, nous savons que le cerveau contient des courants électriques. Depuis 1929, l'invention de l'électroencéphalographe, a permis de mieux observer les émissions électriques du cerveau. Les électroencéphalographes amplifient les signaux électriques captés par des électrodes placées sur le crâne des sujets qui se prêtent à ces tests.[12] Par ailleurs, Semyon KIRLIAN, un chercheur Russe a réussi à mettre au point en 1939 un appareil qui permet de photographier les champs d'énergie des êtres humains et des plantes.[13] D'autres chercheurs avaient entrepris ce même genre de travaux avant lui. Aujourd'hui, la recherche dans ce domaine continue et le matériel nécessaire pour photographier ces champs d'énergie est désormais commercialisé.[14] Le procédé KIRLIAN a été utilisé pour l'aide au diagnostic médical et aussi en agriculture pour la sélection des plantes.

Il est donc clairement établi que nos corps sont entourés d'émanations invisibles et qu'à leur niveau chaque cellule de nos corps font des échanges énergétiques.[15] Certaines de ces émanations, par exemple l'électricité émise par le cerveau ont pu être scientifiquement observées et mesurées. Pour notre propos, nous n'appellerons pas ces émanations "aura" parce que ce terme renvoie à des traditions religieuses et que cet ouvrage est axé sur l'observation de la réalité. Nous adopterons donc le terme plus neutre de "sphère informationnelle". Bien que nous ne soyons pas capables de percevoir consciemment cette *sphère informationnelle*, nous la percevons comme étant l'ambiance d'une personne, l'atmosphère qui émane d'elle, surtout au premier contact. Cette sphère informationnelle contient aussi une multitude d'informations qui proviennent de l'environnement dans lequel le corps est plongé. Ces informations émanent, par exemple, d'autres personnes, de plantes, d'animaux, du Soleil ou de la Terre. C'est toujours à travers le corps que vous agissez dans le monde intangible en tant qu'émetteurs et en tant que récepteurs d'informations. Par exemple lorsque vous parlez, vous émettez une information sonore avec la langue. Vous recevez les informations sonores de l'environnement avec les oreilles (principalement). Dans le cas du son, cette information est claire pour votre esprit conscient qui la reconnaît et de ce fait vous acceptez la réalité du phénomène sonore, pourtant invisible. Il en va de même pour les odeurs dont nous admettons l'existence bien que nous ne puissions les toucher. Nous émettons tous dans notre environnement une variété d'informations telles que: émotions, sentiments, odeurs, bruits, pensées.[16] Il existe une respiration continue entre les informations reçues à travers le corps et les informations émises à travers le corps. Nous échangeons en permanence des informations à divers niveaux.[17] Bien que notre corps soit capable de capter une très grande quantité d'informations, notre esprit conscient opère une sélection drastique des informations reçues.[18] Ce qui nous prive d'une immense richesse informationnelle. Ce rôle de valve de réduction du cerveau a déjà été décelé dans le domaine de l'hypnose médicale et aussi par des scientifiques qui effectuent des recherches sur le fonctionnement du cerveau.[19] Nous pensons que cette sélection drastique résulte du fait que nous n'avons pas développé la capacité consciente d'accéder à plus d'informations sur notre environnement. Nous nous limitons à un environnement informationnel appauvri par le fait que dans l'état actuel de notre développement, nous n'utilisons qu'une faible proportion des potentialités de notre cerveau. L'observation simple des rêves démontre, parfois très clairement, que les rêves sont directement en prise avec notre vie éveillée. Par exemple, les personnages d'un film peuvent apparaître dans les rêves mélangés avec d'autres éléments. Les préoccupations de la journée et les problèmes à régler apparaissent aussi dans les rêves. L'être humain ne peut survivre sans échange avec son environnement tangible et intangible. **Le rêve, comme la majorité des processus physiques et psychiques, consiste essentiellement en une émission/réception d'informations. Les rêves sont des informations émises par le rêveur à travers son corps, et ils sont en relation avec des informations captées par le rêveur à travers son corps.** Certaines informations que les rêves transmettent à l'esprit conscient sont claires, et de tels rêves n'ont pas besoin d'être interprétés. Cependant, pour les personnes qui ne prêtent pas attention à leurs rêves, la plupart des informations que les rêves transmettent leur apparaissent dénuées de sens, quelquefois farfelues ou grotesques et parfois inquiétantes. Dans le monde occidental, les rêves sont souvent rejetés parce que nous ne parvenons pas à les comprendre et que nous les croyons inutiles. Pourtant, totalement privé de rêve, l'être humain est voué à la mort. Cette fonction que nous croyons inutile est indispensable à la vie. Cela devrait nous faire réfléchir. Notre attitude vis-à-vis du monde onirique constitue l'une des erreurs fondamentales de notre civilisation qui ne sait pas tirer parti du processus onirique pour accélérer son développement dans tous les domaines. Nous nous contentons généralement d'un accès très limité à notre environnement informationnel, pourtant très riche. A travers une approche plus globale du processus onirique, il est possible de comprendre le langage onirique de manière effective. Ceci permet d'accéder à une plus grande quantité d'informations et de dépasser ainsi les limites imposées par notre esprit conscient.[20] Il n'y a pas de séparation entre le monde matériel étudié par la science moderne et le monde immatériel ignoré par cette même science. Le monde matériel et le monde immatériel sont tout spécialement imbriqués dans l'être humain. Les rêves sont un phénomène privilégié pour comprendre à la fois le fonctionnement du monde matériel, du monde immatériel et leur synergie. Si vous observez votre processus onirique en recherchant systématiquement les relations qui existent entre vos rêves et votre réalité, vous pourrez tirer un meilleur parti de votre vie et devenir plus inventif dans tous les domaines. Vous verrez que cette façon d'observer le processus onirique est très fructueuse. En l'appliquant, j'ai appris beaucoup et je peux à présent entrevoir un potentiel de développement humain qui autrefois m'aurait paru tout à fait invraisemblable. Bien évidemment, je ne vous demande pas de me croire, mais au contraire de faire votre propre expérience et de voir par vous-même en utilisant la méthode d'observation que j'ai mise au point.

A travers l'observation simultanée de mes rêves et de ma réalité, j'ai compris que les rêves agissent comme un pont entre l'esprit conscient (que j'appellerai désormais *petite conscience*) et une conscience beaucoup plus vaste (que j'appellerai désormais *grande conscience*). La *grande conscience* dispose d'une quantité beaucoup plus grande d'informations que la *petite conscience*. Elle contient notamment toutes les informations que le corps capte dans le corps lui-même et dans son environnement immédiat ou lointain, mais qui n'affleurent pas à l'esprit conscient. Car nous ne sommes pas encore suffisamment développés pour cela. Voici une représentation schématique de la situation de personnes qui rêvent peu et qui ne prêtent aucune attention à leurs rêves. Ces personnes ne tirent qu'un très maigre parti des informations captées par le corps, reçues par la *grande conscience* et partiellement transférées à la *petite conscience* à travers les rêves (schéma n° 4):

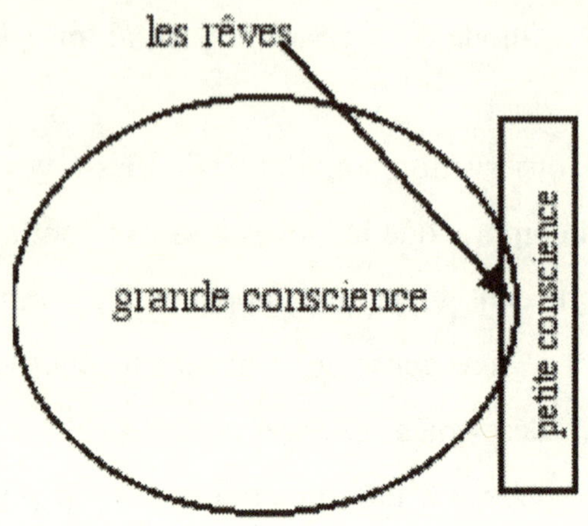

Travailler sur les rêves, en s'attachant à comprendre leur connexion avec la réalité dans laquelle ils se produisent permet de profiter d'un surcroît d'informations. Les personnes ainsi développées, commencent à sortir des étroites limites de leur *petite conscience* et à tirer un meilleur parti de leur environnement informationnel. En d'autres termes, la *petite conscience* s'élargit, tandis qu'avec la compréhension des rêves il est devenu possible de tirer un meilleur parti des informations captées par le corps, non reconnues par la *petite conscience*, mais reçues par la *grande conscience*. Ceci peut être schématisé ainsi qu'il suit (schéma n° 5):

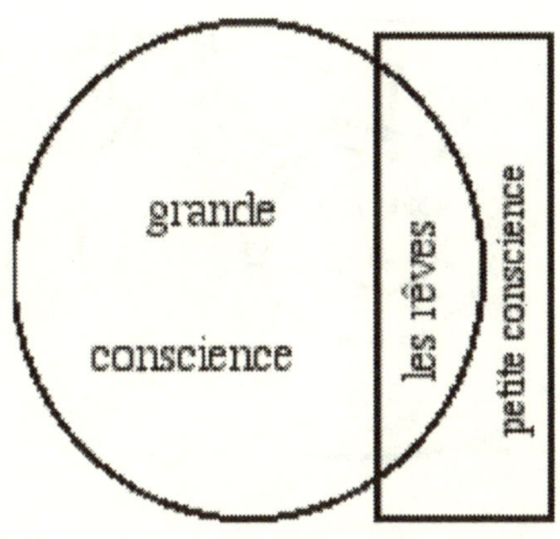

Le travail d'observation sur les connexions entre le rêve et la réalité permet, aux personnes qui le désirent, de se préparer naturellement, sans danger, et à leur propre rythme à un stade de développement beaucoup plus intéressant que ceux précédemment décrits. Lorsque des personnes atteignent ce stade de développement, elles accèdent directement à l'état de veille aux informations reçues par la *grande conscience.* C'est de ce phénomène que résulte ce que nous appelons l'intuition. Elles peuvent le faire naturellement, sans utiliser de techniques spéciales. Nous pouvons schématiquement représenter ainsi de telles personnes (schéma n° 6):

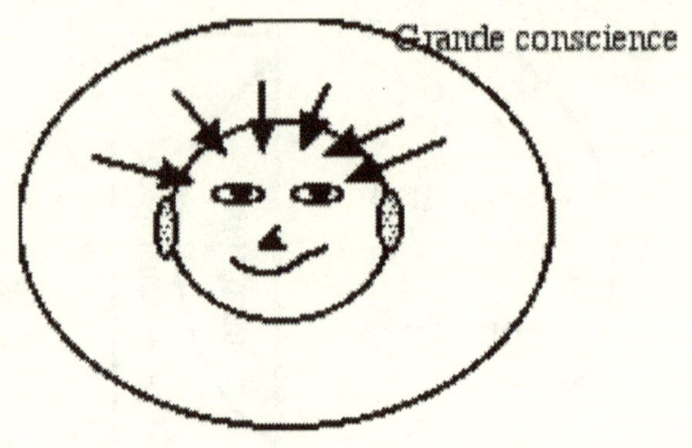

Les personnes parvenues à ce stade ont parfois développé ce que nous considérons comme des facultés extraordinaires, mais qui en réalité sont toutes des potentialités qui seront très banales lorsque l'humanité future dans son ensemble sera plus développée. Des civilisations aujourd'hui disparues les avaient déjà explorées bien avant nous et des traces, plus ou moins déformées des connaissances qu'elles avaient acquises à ce sujet ont traversé le temps à travers les religions, les sciences occultes, les anciens systèmes juridiques et les croyances populaires. Le moyen le plus simple de vérifier vous-même l'existence de ces possibilités c'est d'effectuer un travail d'observation de vos rêves et de votre réalité. Dans le titre qui suit, je vais vous donner toutes les informations nécessaires pour que vous puissiez vérifier par vous-même, à travers votre propre expérience, la réalité de phénomènes comme la capacité de “voir à distance”, de communiquer autrement qu’avec la voix, ou encore de percevoir le futur. Comme l’a aussi observé Robert MOSS,[21] toutes ces facultés latentes à l’état de veille sont, très actives pendant l’état de rêve.

CHAPITRE 2

Méthode efficace d'observation des connexions entre les rêves et la réalité

Dans ce chapitre, je vais vous expliquer comment observer efficacement votre processus onirique afin de développer votre potentiel inventif.

1. Comment observer votre processus onirique

Le meilleur moyen d'observer ce qu'est le rêve n'est pas de se focaliser uniquement sur le rêve, mais au contraire d'observer simultanément le rêve et la réalité en prenant des notes et en faisant aussi quelques expériences simples dans la vie réelle pour en observer les retentissements sur le processus onirique. La réalité influence nos rêves[22] et vous découvrirez très vite par vous-même à quel point les rêves modèlent notre réalité, même si nous les avons oubliés. Un échange permanent d'informations s'opère entre nous et le monde qui nous entoure. Nous sommes conscients de certains de ces échanges, mais inconscients de la majeure partie d'entre eux. De nombreuses informations sur le monde immatériel qui nous entoure sont captées par notre corps sans affleurer à l'esprit conscient. Elles sont pourtant stockées dans la *grande conscience* et l'un des moyens d'accès à ces informations est le rêve, à condition d'être capable de décrypter votre propre langage onirique. Certains rêves paraissent, à première vue, dénués de liens avec la réalité et sans importance. Tenir un journal de rêves et de réalité fait peu à peu apparaître les connexions qui existent entre le contenu de nos rêves et notre environnement informationnel. Reconnaître ces liens entre le rêve et la réalité permet une interprétation précise de la majorité des rêves. Nous verrons plus loin pourquoi le décodage des rêves est fondamental pour pouvoir provoquer des rêves inventifs. Comme chaque personne a son propre langage onirique, un travail personnel de décodage s'impose pour pouvoir tirer parti du processus onirique. Il ne faut pas compter pour cela sur les diverses "clefs des songes" anciennes ou modernes qui prétendent apporter une solution "clef en main" à la traduction de votre propre langue onirique. Il vaut mieux écarter ces ouvrages, qui la plupart du temps induisent en erreur et sont chargés d'une quantité de peurs et de superstitions transmises de génération en génération. Il est regrettable que ces "clefs des songes" -constituant la documentation sur les rêves la plus abondante car la plus rentable- aient contribué à dissuader les chercheurs d'étudier rationnellement ce domaine. Chaque personne a son propre code onirique, même si elle peut partager à sa façon et avec ses propres nuances certains grands symboles communs à des groupes de personnes ou à l'humanité entière. Par exemple, pour de nombreux rêveurs, le symbole "maison" représente le corps humain, la "gauche" représente le pôle féminin de la psyché et la "droite" son pôle masculin. Ce qui se présente à l'avant a un rapport avec le futur pour de nombreux rêveurs et ce qui est à l'arrière a un rapport avec le passé. Les routes, autoroutes, chemins de campagne ou de montagne sont autant de représentations de la destinée (et, comme nous le verrons plus loin du cheminement des travaux de recherche). Ces rêves de routes apparaissent à des moments où les rêveurs doivent prendre des décisions importantes pour la suite de leur existence ou pour les travaux qu'ils sont en train de mener. Au début du travail d'observation, il est possible de s'aider utilement de dictionnaires de symboles. Ces ouvrages ne sont pas consacrés aux rêves, ils expliquent seulement ce que certains symboles signifient pour diverses populations et à diverses époques de l'histoire humaine.[23] S'intéresser à la signification des symboles constitue un excellent exercice "d'assouplissement mental". Et c'est essentiellement de souplesse mentale dont nous avons besoin pour comprendre cette réalité non accessible à notre esprit conscient et dont les rêves nous informent. Au fur et à mesure de mes recherches, je me suis aperçue que le meilleur moyen d'explorer le processus onirique et de mieux connaître le fonctionnement de mon environnement immatériel était de prendre des notes non seulement sur les rêves mais aussi sur la réalité. J'ai donc commencé à tenir un carnet dans lequel j'ai noté mes rêves, les grandes lignes de la réalité et les expériences que j'ai faites. Par exemple à titre d'expérience vous pouvez dormir dans des lieux particuliers, faire une diète, manger trop, voir beaucoup de monde, vous isoler quelques jours sans télévision, radio ou téléphone[24] et continuer à noter vos rêves pour observer les effets de ces expériences sur votre processus onirique. Avec le temps, j'ai appris ce qu'il était important de noter à propos des rêves et de la réalité, et mon expérience pourra vous faire gagner du temps. Ceci étant, chaque personne peut selon les objectifs qu'elle désire atteindre adapter à son propre cas les conseils qui suivent.

2. Comment noter vos rêves

Le souvenir des rêves est beaucoup plus facile juste au réveil, c'est donc le meilleur moment pour les noter. Certains auteurs vont jusqu'à recommander d'avoir près de soi de quoi noter les rêves pendant la nuit. Vous pouvez le faire, mais c'est assez stressant de prêter tant d'attention aux rêves. Si vous voulez faire un travail de longue haleine, alors faites-le de manière détendue, en dormant normalement. Avec la pratique, la mémoire des rêves s'amplifie. Et l'un des meilleurs moyens d'améliorer la mémoire en général, c'est de lui faire confiance. Si vous pensez être incapable de garder le souvenir de vos rêves, ne vous découragez pas. Tout le monde rêve et il est très facile de réactiver votre potentiel de mémoire onirique. Pour approfondir ce point, vous pouvez lire mon ouvrage *L'Intelligence des Rêves*[25] qui donne notamment des conseils pour améliorer la mémoire des rêves. L'attitude fondamentale à adopter au début de vos expériences c'est de ne pas chercher à tout comprendre d'emblée. Il faut simplement tout noter et surtout éviter de se lancer dans des analyses compliquées des messages des rêves. Avec le temps vous serez capables de comprendre de manière précise et rationnelle vos propres symboles oniriques. Vous vous apercevrez aussi que certains rêves sont très clairs et n'ont pas besoin d'interprétation de type psychanalytique ou autre. Il est aussi nécessaire d'avoir le courage de tout noter, en d'autres termes d'être sincère avec soi-même et de noter même ce qui à première vue nous semble négatif. Il faut faire preuve dans le travail sur les rêves d'une grande tolérance et de neutralité. Il convient de noter tout ce qui nous reste en mémoire concernant le rêve et surtout il faut noter tout ce qui nous dérange, nous incommode, nous fait peur, nous fait honte ou encore choque notre pudeur. **Tous les rêves doivent être notés sans sélectionner ceux qui nous paraissent importants.** Par exemple un rêve très court et très simple tel que: "J'ai rêvé qu'on soldait des chaussures de luxe chez le boulanger" contient des informations très utiles. N'ayez pas peur de noter les rêves ayant pour thème la mort. Vous verrez que la plupart du temps ils annoncent seulement un grand changement. Ils peuvent donc être très utiles pour vous guider dans vos travaux de recherches. Quant à notre propre mort, pourquoi craindre les rêves qui l'annoncent réellement? Ne vaut-il pas mieux au contraire y prêter une grande attention, d'autant plus qu'ils constituent parfois des avertissements qui peuvent nous sauver la vie? Les livres sur les rêves citent de nombreux cas de rêves qui annoncent la mort. Il semble que les rêves nous préparent toujours à cet important événement.[26] Ils sont un moyen de partir l'esprit en paix quand le moment est arrivé. Ils nous évitent aussi de nous tracasser inutilement le reste du temps. Et ceci est très utile notamment aux personnes qui sont tellement effrayées lorsqu'elles doivent par exemple, prendre l'avion. En observant vos rêves et votre réalité, vous pourrez vous rassurer, car vous constaterez que les rêves ont toujours une longueur d'avance sur votre réalité. Ce qui signifie que tant que vos rêves vous projettent dans votre réalité habituelle, vous savez que votre vie va continuer.[27] Après avoir évoqué le grave sujet de la mort, parlons donc de la vie. Dans le monde onirique, donner naissance ou être enceint(e) n'est plus le privilège des femmes, cela arrive aussi aux hommes et se rapporte à des créations. Ce type de rêve (et tous les rêves qui se rapportent à la naissance de la vie sous toutes ses formes) est donc très important pour les inventeurs et les chercheurs. Quant aux rêves ayant un contenu sexuel, ils peuvent très bien transmettre un message non sexuel et il ne faut pas hésiter à les noter dans les détails. Par exemple rêver d'un rapport sexuel interrompu brusquement peut ne pas signifier que cela arrivera dans la réalité, mais représente une rupture brusque, inattendue et désagréable avec une personne de votre entourage ou dans vos travaux de recherche. Quant aux bananes, portes, escaliers, oiseaux et autres symboles perçus par Freud comme des symboles sexuels, il convient de se mettre à jour. Les moeurs sont beaucoup plus libres qu'à l'époque de Freud et les rêves et la réalité ont en conséquence beaucoup changé. D'une manière générale, nous devons noter les rêves tels qu'ils se présentent, décrire les personnages et le décor d'une manière aussi détaillée et précise que possible. Par exemple, si vous rêvez d'un chat, il faudra noter sa couleur, sa taille, sa position dans l'espace et par rapport à vous ou aux personnages du rêve (à gauche, à droite, derrière) et tout ce que vous percevez à propos de ce chat. Notez aussi l'aspect de son pelage et de ses yeux. Les yeux sont-ils identiques? Le chat est-il mâle ou femelle? L'expérience m'a appris que dans mon langage onirique les images de chats me communiquent l'information énergétique à propos de personnes de mon entourage. Par exemple, si je rêve d'un chat au pelage très abîmé après avoir passé du temps dans la réalité au contact d'une personne, ce rêve me dévoile que cette personne (qui dans la réalité peut avoir une belle apparence) a en fait très peu d'énergie et de graves problèmes de santé déjà manifestés ou qui vont bientôt se manifester. Les chats au pelage somptueux et au regard pétillant m'indiquent tout le contraire. Les rêves, contrairement à l'esprit conscient nous permettent de dépasser les apparences parfois trompeuses et d'avoir accès à la vérité. Il est très important de noter tous vos sentiments, même s'ils paraissent être sans rapport avec le thème du rêve. Vous pouvez dans un rêve vous amuser beaucoup de quelque chose qui serait horrible dans la réalité et au contraire, vous pouvez éprouver une grande peine pour quelque chose qui dans la réalité serait drôle ou insignifiant. Il faut noter tous les sentiments qui vous traversent au cours d'un rêve: joie, colère, peine, amour, haine, peur, angoisse, paix, tristesse, etc... Il faut aussi noter les sensations physiques comme le froid, la chaleur, la paralysie, la légèreté, la rapidité, la lenteur. Si vous entendez de la musique décrivez-la, notez les paroles des chansons, des contes et des personnages. Dans les rêves il y a beaucoup plus d'êtres qui communiquent que dans notre réalité. En rêve, les pierres, les arbres, les plantes et les animaux de la maison sont capables de parler parfaitement notre langue et même des langues étrangères que parfois nous ne comprenons pas dans la réalité, mais que nous pouvons intuitivement comprendre dans le rêve. J'ai observé au cours de mes recherches que lorsque dans un rêve les mêmes paroles, phrases ou images se répètent plusieurs fois, ceci se réfère à d'importantes informations pour moi. Quelquefois, il m'arrive de rêver de mots étrangers dont je ne connais pas la signification et cela m'amuse beaucoup à mon réveil d'aller en rechercher le sens dans des dictionnaires. Il m'est arrivé lorsque je vivais à New York, dans la Little Italy, déjà devenue très chinoise, de rêver en partie en chinois, alors que je ne pratique pas cette langue. Je captais tout simplement en dormant le bain informationnel des lieux. Il y aurait dans ce registre beaucoup à découvrir pour mieux comprendre le phénomène d'apprentissage des langues et d'adaptation à un nouveau milieu. Pour revenir au travail sur les rêves, il est important de prendre note de votre position dans l'espace lorsque vous apparaissez dans un rêve. Êtes-vous au centre de la scène, à gauche, à droite, en face ou derrière quelqu'un, dans les airs ou sur le sol, ou encore sous la terre? Nous devons noter tout ce que nous pouvons observer: les vêtements et leurs couleurs par exemple sont une source appréciable d'informations utiles. Il faut aussi noter tout ce que nous pouvons sentir, par exemple une douleur dentaire, un mal de pieds, de la légèreté dans les déplacements ou de la difficulté à se déplacer, parfois parce que nous sommes trop chargés. Par exemple, un chercheur qui rêve qu'il est alourdi par beaucoup de bagages qu'il a du mal à transporter, ferait bien de clarifier ses pensées et de mieux définir ses objectifs. Faute de quoi, ses travaux ne mèneront à aucun résultat. Il est important de noter tout ce que nous transportons avec le maximum de détails. S'il s'agit d'une valise, quelle est sa forme, sa couleur, son poids, est-elle facile à porter, a-t-elle des roulettes, des ailes? Vous plaît-elle? Il y a peut-être quelqu'un qui vous aide à la porter, ou bien avez vous décidé de l'abandonner, car il n'y a rien d'important à l'intérieur? Avec quelle main portez-vous votre valise, la gauche? la droite? La poussez-vous devant vous ou la traînez-vous péniblement derrière vous? Ou bien vous suit-elle toute seule dans l'air ou comme un chien sans laisse? Une grande précision dans la description est utile surtout au début du travail d'observation. Si vous rêvez d'une maison, il ne faudra pas hésiter à noter tous les détails de cette maison, même si cela peut vous paraître long. Décrivez toutes les pièces que vous visitez et surtout les endroits très intéressants comme le grenier ou le sous-sol ou encore la cuisine. Mais tout est intéressant dans les maisons des rêves et surtout tout est très instructif. A travers mon expérience personnelle, j'ai pu noter que les maisons de mes rêves, quand elles ne sont pas des maisons réelles que je "visite" en état de rêve, me transmettent des informations précises sur ma santé bonne ou mauvaise. Et j'ai pu constater, comme d'autres l'avaient déjà fait dans l'Antiquité,[28] que les désordres physiques apparaissent dans les rêves bien avant leur manifestation dans la réalité. D'où l'intérêt de connaître la signification des rêves pour prévenir des désordres physiques lorsqu'il en est encore temps. J'ai observé par exemple que le thème des fuites d'eau dans les rêves correspond à une baisse d'énergie chez les rêveurs. Les greniers et plafonds sont des représentations imagées de ce qui se passent dans notre cerveau. Par exemple, le désordre dans un grenier onirique peut montrer à un chercheur que ses idées actuelles ou la façon d'aborder ses recherches est confuse et qu'une clarification serait nécessaire pour aboutir à une recherche plus fructueuse. Quant aux caves, sous-sols et grottes, elles correspondent bien souvent à l'hérédité tant physique que psychique des rêveurs. De ce fait même, elles sont très intéressantes pour les chercheurs car ces rêves permettent d'accéder directement ou intuitivement à des informations précieuses sur le passé. C'est un endroit que j'aime beaucoup fréquenter en rêve et où j'ai puisé beaucoup d'idées pour mes travaux de recherches sur l'ancien droit romain et sur la justice de l'ancienne Egypte. C'est très surprenant de voir tout ce que nous pouvons apprendre sur le fonctionnement du corps, de l'esprit et sur la nature à travers l'observation simultanée des rêves et de la réalité. Notre *grande conscience* est beaucoup plus intimement liée à la nature que notre esprit conscient. Pour communiquer avec l'esprit conscient, elle utilise donc très souvent des images de phénomènes naturels. En d'autres termes, la *grande conscience* va utiliser des images qui mettent en scène des phénomènes naturels comme la croissance, la putréfaction, la germination, la naissance pour faire passer des informations à l'esprit conscient etc... Par exemple, si vous faites des recherches depuis un certain temps et que vous êtes découragés parce qu'il vous semble que rien n'avance, un rêve dans lequel un grand vent vous pousse annonce à coup sûr une accélération de vos recherches en cours, des choses qui vont bouger plus vite, comme poussées par le vent, la fin de la stagnation de vos travaux. La nature est omniprésente dans les rêves et même dans ceux des citadins. Elle fait partie des symboles que toute l'humanité partage avec quelques nuances. La nature apparaît à travers les étoiles, la Lune, le Soleil, la mer, la lumière, l'ombre, l'obscurité, le vent, le froid et la chaleur et surtout l'eau. L'eau transformée en glace dans vos rêves peut vous apporter beaucoup d'informations utiles. Si par exemple vous pensez collaborer avec un autre chercheur pour des travaux en cours et que malgré l'acceptation de cette personne de mettre en commun les résultats acquis, vous rêvez que cette personne est entourée de glace. Alors, il ne faudra pas compter sur elle pour le partage. Le froid, la glace autour des gens dans les rêves indique très souvent l'égoïsme. L'apparence de l'eau dans les rêves peut aussi vous apporter des informations concernant les personnes qui vous entourent (et aussi vous-même) et nous en reparlerons plus loin. La nature est aussi présente dans de nombreux rêves sous forme de plantes qui dans bien des cas représentent assez curieusement des personnes et leur caractère. Par exemple, il y a des plantes qui poussent très vite et qui envahissent tout l'espace disponible dans une pièce de votre maison. (Cela vous fait-il par hasard penser à votre belle mère? +:). Certaines plantes qui ont de grandes racines, apparentes, car elles n'ont pas de terre peuvent représenter des personnes immigrées de votre entourage. Il y a aussi des plantes fanées, des plantes fleuries ou des plantes qui portent des fruits. Certaines plantes vous réclament parfois de l'eau, ou de l'espace pour grandir, tandis que d'autres trouvent que vous les arrosez trop et que d'autres encore préféreraient de l'eau de source. Tout comme dans le monde réel, l'eau est un des éléments les plus importants du monde onirique. L'eau sous diverses formes est présente dans de nombreux rêves. Il est très utile de connaître la signification des différentes sortes d'eaux qui apparaissent dans vos rêves: le verre d'eau, la bouteille, le bain, la douche, la rivière, le lac, la mer, le puits, la pluie, la piscine, la flaque d'eau. L'observation simultanée de vos rêves et de votre réalité est très utile pour savoir à quoi correspondent dans la réalité les diverses eaux qui apparaissent dans vos rêves car cela vous servira pour accéder à des idées inventives. Par exemple, en observant mes rêves et ma réalité, j'ai observé que la mer, par son immensité, représente les possibilités informationnelles illimitées de ma *grande conscience* et de la conscience collective de l'humanité, tandis que les piscines se rapportent à la *petite conscience* avec toutes ses limites. Symboliquement, si vos rêves vous mènent à la mer, vous aurez bien plus de chances d'accéder à des idées nouvelles qu'avec des rêves de piscines où vous trouverez certainement des idées qui sont déjà brevetées par d'autres. Pour trouver des idées nouvelles, suivez donc la route que bien souvent vous montrent les rêves. Dans nos sociétés, où l'instabilité est le lot de nombreuses personnes aussi bien professionnellement qu'affectivement, les rêves de "routes" sont nombreux. La "route" des rêves peut être un chemin dans une belle nature verte ou dans un désert aride, une autoroute bondée, ou parfois une piste de ski. Nous pouvons hésiter à un carrefour ou tourner sans fin à un rond-point. Parfois, nous savons où nous allons, parfois c'est l'obscurité totale et heureusement quelqu'un qui passe par là vient nous éclairer avec sa lanterne. Les rêves de "route"[29] nous donnent, pour peu que nous sachions leur prêter attention et les comprendre, des informations sur notre destinée. Ils sont aussi très importants pour les chercheurs, car ils leur indiquent clairement s'ils sont sur la bonne route, s'il y a d'autres personnes sur cette même route et leur position par rapport à eux-mêmes. Les rêves de routes montrent clairement si la voie suivie est une impasse ou si quelqu'un vous a déjà largement devancé. Les rêves de routes montrent souvent aux chercheurs quelle serait la voie à suivre pour aboutir à des innovations. Mais ceux-ci, non informés de leur importance, les ignorent et continuent de chercher à l'aveuglette. Voici un très bel exemple de rêve fait par une personne dont les recherches ont été couronnées de succès:

> *« Je rêve que je roule sur une route où circulent des voitures, des camions, des autobus. Je suis la seule personne à vélo mais je dépasse tout le monde. Je roule tantôt à droite, tantôt à gauche, tantôt au milieu de la route. Ma trajectoire n'est pas*

rectiligne et je la vois du ciel, symbolisée par un fin fil de cuivre qui s'étend au fur et à mesure de ma progression. Soudain je me transforme en un grand avion et je décolle. J'entends les autres penser: « Il a pris la route pour une piste de décollage ».

Les informations sur le chemin à suivre pour des travaux scientifiques ou dans la vie peuvent aussi être transmises par d'autres genres de rêves, à titre d'exemple voici le rêve de DESCARTES qui bien que très rationnel était inspiré par son monde onirique. Ce rêve a été fait à l'époque où il écrivait le "Discours de la méthode". Voici donc un extrait de ses songes du 10 novembre 1619 relatés par BAILLET.[30]

"Un moment après, il eut un troisième songe... il trouva un livre sur sa table, sans savoir qui l'y avait mis. Il l'ouvrit et voyant que c'était un Dictionnaire, il en fut ravi dans l'espérance qu'il pourrait lui être fort utile. Dans le même instant, il se rencontra un autre livre sous sa main, qui ne lui était pas moins nouveau, ne sachant d'où il lui était venu. Il trouva que c'était un recueil des Poésies de différents auteurs, intitulé Corpus Poëtarum etc. Il eut la curiosité d'y vouloir lire quelque chose: et à l'ouverture du livre, il tomba

sur le vers Quod Vitae sectabor iter? (= quelle voie suivrai-je en la vie?). (la suite des songes lui donne quelques orientations, elle lui montre notamment un déséquilibre corporel)."

Pour tirer pleinement parti des informations qui transparaissent à travers les rêves de routes, il est important de tout décrire dans vos notes. Si vous conduisez une voiture par exemple, il faut noter sa couleur, si le volant est à droite ou à gauche, et qui conduit, de quelle façon, pendant le jour ou pendant la nuit, avec ou sans lumière, facilement ou non, quelles sont vos sensations corporelles, vos émotions. Ce genre de rêve est très important pour les chercheurs et ils devraient apprendre à s'en servir pour gagner beaucoup de temps et éviter de suivre pendant des années des pistes inutiles. De plus, il s'agit des rêves les plus faciles à comprendre.

En résumé, il est essentiel de noter tout ce que nous pouvons à propos des rêves et de noter tous les rêves sans sélectionner ceux qui méritent ou non d'être notés. Au début, il vaut mieux observer simplement ce qui se passe sans chercher à comprendre d'emblée les rêves. Après un certain temps, il vous sera très facile de savoir précisément à quoi correspondent vos symboles oniriques personnels. De plus, dans l'objectif de la découverte scientifique et de l'innovation, le plus important n'est pas de comprendre les rêves mais de permettre à travers l'étude du rêve et de la réalité une meilleure communication entre la *grande conscience* et l'esprit conscient. Quant à la **"traduction" de vos symboles oniriques, si celle-ci vous intéresse, elle pourra être réalisée avec beaucoup plus de facilité après un certain temps parce que vous verrez qu'au cours du temps, les mêmes symboles oniriques apparaissent en simultanéité avec une même situation réelle.**[31] Cette simultanéité répétée permet de décrypter de manière précise l'information onirique. Par exemple, si chaque fois que vous rencontrez un juriste vous rêvez juste avant ou après la rencontre que vous allez rencontrer un mathématicien, alors vous saurez que dans votre inconscient les mathématiques sont le symbole du droit. Au début de mes recherches, j'ai lu tout ce qui était disponible sur les recherches sur les rêves. Ce qui m'avait conduite à faire l'erreur de m'inspirer des idées de JUNG ou de FREUD et d'autres spécialistes pour interpréter tous mes rêves. Avec le temps, j'ai pu me rendre compte qu'elles me conduisaient à d'importantes erreurs d'interprétation et m'empêchaient de tirer parti des informations oniriques. J'ai ensuite constaté que le sens de la plupart de mes rêves apparaissait beaucoup plus clairement et naturellement à travers l'observation simultanée de mes rêves et de ma réalité, sur une période de temps assez longue. En d'autres termes, avec le recul du temps on voit que le même type de rêves ou de symboles oniriques apparaît en simultanéité avec un même type de situation dans la vie réelle. Ceci dit, l'apport des psychanalystes s'avère parfois utile pour décoder certains rêves. Et j'ai naturellement recours à leurs méthodes pour un petit nombre de mes rêves de type "psychologique" qu'avec l'expérience j'ai appris à différencier des autres rêves. Nous avons tous une psyché et aucune n'est en parfaite et constante santé, cela fait partie de la vie. Les rêves nous donnent l'occasion d'en prendre conscience. Ils nous aident à nous libérer des blocages énergétiques que les problèmes psychologiques induisent et à nous sentir mieux. J'ai observé que les rêves psychologiques les plus importants apparaissent quand nous avons de l'énergie pour les affronter et que nous sommes disponibles pour cela. Ils apparaissent particulièrement lorsque nous nous retirons dans la solitude. Dans ce cas, il n'est même pas nécessaire qu'un événement extérieur vienne les activer. Il semble que l'énergie non projetée vers la vie extérieure soit alors utilisée pour intensifier la vie intérieure et provoquer des guérisons de problèmes psychologiques ou d'importantes prises de conscience et aussi les idées nouvelles. Moins vous aurez de conflits psychologiques, plus votre espace onirique sera disponible pour d'autres contenus et pour réaliser des inventions. Maintenant que je connais bien mon terrain, je sais distinguer parmi mes rêves, ceux de type psychologique, que les acquis psychanalytiques peuvent m'aider à comprendre. Tandis que tous les autres rêves s'expliquent beaucoup plus facilement à travers l'observation simultanée du rêve et de la réalité. S'il est vrai qu'il faut de la patience et du temps pour parvenir à ce résultat, cela en vaut la peine et le temps investi sera largement compensé par le temps que les rêves vous feront gagner par la suite dans la vie réelle et par les tracas qu'ils vous permettront d'éviter. Et quel plaisir d'apporter au monde des innovations. Voyons à présent comment noter la réalité.

3. Comment prendre des notes sur la réalité et sur l'environnement dans lequel vous vivez

Pour noter la réalité, il n'est pas nécessaire d'être aussi précis que pour la notation de rêves. Il suffit de mentionner les grandes lignes des principaux événements du jour. Certaines observations sont importantes pour comprendre comment l'information est captée dans notre environnement. Il est, par exemple, important de noter les lieux où nous sommes allés, de noter les endroits où nous avons dormi, et surtout les personnes que nous avons rencontrées. Il suffit de résumer en ce qui concerne les personnes l'essentiel de la communication et les circonstances de la rencontre (travail, rendez-vous, rencontre fortuite). Il est aussi important de noter nos sentiments (joie, tristesse, neutralité...), nos sensations (bien-être, fatigue, nervosité, angoisse) et le lieu où nous avons rencontré les personnes. Les lieux sont des éléments très importants à consigner dans la mesure où chaque lieu est chargé d'informations intangibles que le corps capte.[32] Le corps capte aussi toutes les informations intangibles qui émanent d'une personne ou d'un groupe de personnes. Cet aspect est très important dans le domaine des brevets et de la protection du savoir faire industriel. La pratique du droit des brevets d'invention fait ressortir très nettement qu'à un moment donné certaines idées inventives sont "dans l'air", ce qui se traduit par des dépôts de brevets pour une même découverte faits à très peu de temps d'intervalle par plusieurs inventeurs pourtant souvent éloignés dans l'espace et n'ayant pas été en contact. Cet aspect est aussi très important pour la protection des inventions en gestation: ne faites pas visiter les locaux où vous exercez vos activités de recherches, car les visiteurs pourraient très bien capter de façon inconsciente vos idées nouvelles et déposer un brevet avant vous. Il est facile de percevoir la charge informationnelle des lieux que nous appelons communément: ambiance. Par exemple, chacun a pu ressentir la différence entre l'ambiance d'une église, d'un bar, d'une bibliothèque, d'une forêt, ou d'une plage. Il est aussi facile de percevoir la différence d'ambiance entre notre propre habitation et celle d'autres personnes. Il s'agit d'une ambiance informationnelle et non de la décoration, il s'agit en sorte de capter la différente énergie des lieux. Il existe des personnes qui, consciemment, ne perçoivent que très peu ces différences d'ambiances et d'autres qui y sont très sensibles. Mais, même lorsqu'une personne ne perçoit pas consciemment beaucoup d'informations sur l'atmosphère des lieux, cela n'empêche pas son corps de tout percevoir et son esprit conscient de pouvoir accéder par le rêve à une partie des informations captées par son corps. Les personnes qui dans la réalité sont imperméables à ce type de perception informationnelle peuvent compenser leurs lacunes en matière de perception consciente en tirant parti de leurs rêves. Pour faire un travail utile sur les rêves, il faut noter tous les grands événements qui surviennent, les activités quotidiennes, les voyages, les fêtes, les déménagements, les grandes décisions et les grandes prises de conscience. Pour ceux qui effectuent un travail créatif ou des recherches scientifiques, il est intéressant de noter les étapes de réalisation de ce travail et la façon dont cette création est vécue (par exemple, les jours de bonheur et les jours d'hésitation, les jours avec ou sans inspiration). Si vous voulez utiliser vos rêves pour améliorer votre santé (physique et psychologique) ou pour prévenir ou découvrir des risques,[33] il est important de noter tous les désordres qui surviennent même les petits désordres. Pour la santé physique, notez par exemple: une gêne articulaire, un rhume, une grippe, des tensions musculaires, une bonne, mauvaise ou moyenne forme physique et si vous êtes sportif notez comment se passent vos entraînements. Pour la santé psychologique notez quels sont l'état de votre moral et de votre humeur au lever et au cours de la journée. Toutes ces notations sont très utiles, elles demandent un certain temps et beaucoup de patience dans les débuts, mais les résultats en valent la peine.

Tout ce que je viens de vous expliquer à propos des rêves est très important car l'observation des relations entre le rêve et la réalité va vous permettre de développer un outil puissant d'accès à des idées neuves. Je vous ferai part de cette technique plus loin. Pour le moment, voici quelques-uns des résultats que m'a permis d'obtenir cette méthode d'observation et qui pourront être utiles à tous ceux et celles qui souhaitent développer leur potentiel inventif.

CHAPITRE 3

Les résultats utiles de plus de 10 ans d'observations

Comme il y a déjà très longtemps que j'explore ce champ de connaissance, j'ai fait beaucoup d'expériences et de découvertes dans de nombreux domaines. Je ne communiquerai ici que celles qui pourront être utiles à des personnes qui s'adonnent à la recherche scientifique ou à l'innovation. Les personnes qui souhaitent approfondir le sujet à d'autres fins peuvent se reporter à mon ouvrage l'Intelligence des Rêves.[34] Chacun fera ses propres découvertes selon ses centres d'intérêt. En tant que juriste, je me suis particulièrement intéressée aux liens invisibles que tissent les personnes, à l'énergie qui émane des groupes, et à la façon dont s'opèrent les échanges énergétiques. Pour le monde moderne, je suis une juriste tout à fait inhabituelle. Pourtant, dans les civilisations anciennes la justice ne se limitait pas à la connaissance et à l'application du droit. En plus de mon objectif de comprendre comment naissent les idées inventives, j'ai cherché à travers l'observation du processus onirique à mieux comprendre ce qui se passe sur le plan intangible entre les personnes. Ceci intéressait au plus haut point les premiers “juristes” des civilisations anciennes tels les Romains sur le savoir desquels nous avons bâti la plupart des systèmes juridiques modernes. Voici quelques-uns des résultats qu'il est possible à tous (même aux personnes les moins intuitives et les moins sensibles à leur environnement) d'observer après environ une année d'étude des connexions entre le rêve et la réalité.

1. Mise en lumière d'un réseau d'échanges intangibles entre les personnes

Le travail d'observation des interactions et des connexions entre le rêve et la réalité fait très vite apparaître qu'il existe une sorte d'Internet intangible et psychique qui relie tous les êtres humains sans qu'aucun ordinateur, ni téléphone mobile soit nécessaire pour établir la communication. Dans cet "Internet" imperceptible toutes les *grandes consciences* de tous les êtres humains communiquent intensément le jour comme la nuit, et la plupart du temps à l'insu de l'esprit conscient. Comme je l'ai déjà expliqué, nous émettons des informations de toutes sortes à travers notre corps et nous percevons à travers l'ensemble de notre corps des informations qui émanent des autres ou qui imprègnent les lieux dans lesquels nous nous trouvons. Nous sommes tous entourés par une atmosphère unique, une espèce de "sphère informationnelle" personnelle dans laquelle se mêlent les informations que nous émettons et les informations que nous recevons. Ces dernières émanent d'autres personnes et des lieux où nous nous trouvons et de tous leurs "habitants" végétaux, animaux et humains. Nous pouvons représenter cela de façon schématique dans le dessin qui suit (schéma n° 7):

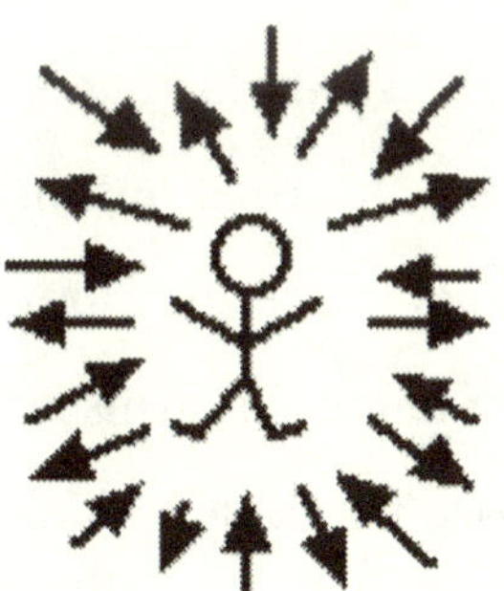

Lorsque nous sommes au contact d'autres personnes, les sphères informationnelles se mélangent et notre corps capte beaucoup plus d'informations sur les gens qui nous entourent que notre esprit conscient. Nous pouvons représenter schématiquement comme il suit ce qui se passe lors d'une rencontre entre deux personnes (schéma n° 8):

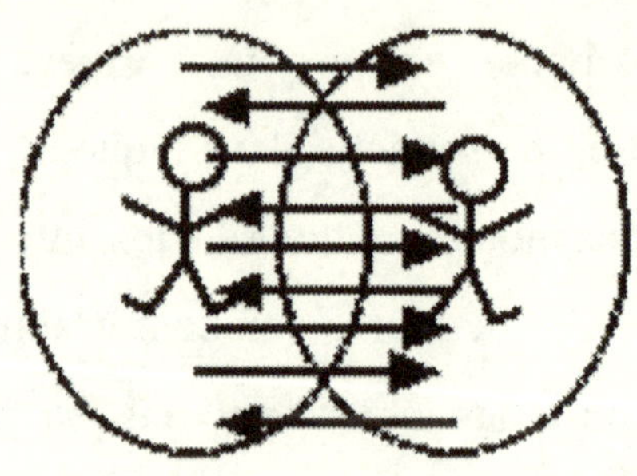

Au cours de cet échange, l'esprit conscient reçoit toutes sortes d'informations auditives, visuelles, tactiles et olfactives. Pendant ce temps là, notre corps dans son ensemble capte tous les messages invisibles qui émanent de la personne et du lieu de la rencontre. L'ensemble de notre corps capte les informations invisibles telles que: émotions, sentiments, énergie physique et énergie psychique d'une personne, les pensées non formulées, et aussi des informations sur le lieu où elle vit, sur son passé familial et son hérédité. Il s'agit d'un véritable balayage en profondeur de la personnalité et du corps de nos interlocuteurs. Notre corps capte beaucoup plus d'informations que celles qui affleurent à notre conscience. Notre conscience filtre les informations. Vous pourrez le voir facilement par vous-même à travers vos propres recherches. Toutes les informations captées par le corps parviennent à la *grande conscience*, tandis qu'à l'état de veille une part infime de ces informations affleure à l'esprit conscient. Cette part qui affleure à l'esprit conscient s'agrandit grâce au rêve, avec l'inconvénient cependant que l'information arrive déformée et a souvent besoin d'être décodée. Grâce aux rêves et à l'intuition, l'esprit conscient peut bénéficier d'un supplément d'informations. Grâce aux rêves, nous pouvons, par exemple, accéder à plus beaucoup plus d'informations sur notre environnement. Le corps, au contraire de l'esprit conscient semble avide de capter toutes les informations possibles. Pour prendre conscience de la différence informationnelle des lieux et des atmosphères des personnes, vous pouvez faire une expérience très simple et très intéressante. Après avoir préalablement observé un certain temps les connexions entre vos rêves et la réalité, cette expérience consiste à s'isoler complètement pendant au moins quelques jours.[35] L'isolement permet de "nettoyer" notre propre sphère informationnelle des émissions de notre entourage habituel. Après la période d'isolement, vous pourrez sentir beaucoup mieux la différence entre votre propre ambiance et celle des autres et vous serez beaucoup plus réceptif. J'ai souvent fait cette expérience à laquelle j'ai parfois ajouté un jeûne et j'ai pu ainsi beaucoup mieux percevoir la réalité de toute cette vie psychique intangible qui nous entoure et nous pénètre. Cela m'a fait comprendre par ailleurs, que certains rêves ne peuvent s'expliquer par rapport à un rêveur donné parce qu'ils résultent tout simplement d'informations captées dans un environnement donné (par exemple une chambre d'hôtel lors d'un voyage) et n'ont pas de rapport avec la vie personnelle du rêveur. Lorsque nous voyageons, la nuit dans nos chambres d'hôtel nous captons des informations qui se rapportent aux personnes qui ont dormi là avant nous. De ce fait, de nombreux rêves faits en voyage n'ont pas de grand rapport avec la vie du rêveur. Tenter de leur appliquer les méthodes d'interprétation ou de direction des rêves proposées par les psychologues est peine perdue. De même, changer d'endroit pour dormir est parfois beaucoup plus efficace que toute autre chose pour supprimer des cauchemars récurrents qui proviennent de la mauvaise énergie de certains lieux en d'autres termes de leur "pollution psychique". Pour que des activités de recherches soient fructueuses, il est important que les locaux soient propices du point de vue énergétique à la survenance des idées inventives. Bien que la majorité des êtres humains ne prête pas attention à la "pollution psychique", celle-ci les affecte néanmoins à divers niveaux. En constituant une atteinte à l'énergie des individus et à leur potentiel créatif, elle contribue à créer un malaise parfois incompréhensible d'un point de vue purement matérialiste. Au contraire, une bonne ambiance informationnelle contribue au bien-être et favorise la créativité. S'il y a des lieux, par exemple, qui inspirent les artistes, ce n'est pas un hasard et nous serons peut-être un jour techniquement capables de mesurer l'énergie des lieux et des personnes. Le travail sur l'étude des liens entre le rêve et la réalité peut beaucoup aider ceux qui n'ont pas de sensibilité consciente à l'énergie des lieux. Il est important de savoir que certains locaux sont, d'un point de vue énergétique, absolument néfastes au travail créatif et à la bonne santé psychologique et physique des chercheurs, quel que soit leur degré de perception consciente à la qualité de leur environnement intangible.

Avec le travail sur la connexion des rêves et de la réalité, cette sensibilité augmente. Nous devenons beaucoup plus sensibles à tout ce qui nous entoure et lorsque nous avons suffisamment progressé nous pouvons aussi faire l'expérience à l'état de veille de la communication à distance. Je précise à l'état de veille, car pendant le sommeil la communication à distance est tout à fait banale comme vous aurez l'occasion de le constater vous-même. Pendant le sommeil nous sommes tous activement en communication énergétique et psychique les uns avec les autres sans aucun besoin d'appareillages technologiques. Il est très courant que des chercheurs communiquent entre eux par ce canal sans en avoir aucune conscience dans leur vie éveillée. Par expérience, j'ai compris que le corps capte à distance tout ce qui nous intéresse ou est en relation énergétique avec nous. J'ai remarqué aussi que les communications à distance en état de rêve ou pendant l'état de veille se produisent de manière privilégiée lorsqu'existe un fort lien affectif, familial, ou lié à un centre d'intérêt commun.Vous verrez que le travail sur les liens entre les rêves et la réalité assouplira considérablement votre mental. En effet, notre *grande conscience* a ses propres lois logiques, sa propre façon de faire ses "statistiques", sa propre conception de l'espace et du temps et il faut beaucoup d'ouverture d'esprit pour l'accepter telle qu'elle est, et pouvoir ainsi bénéficier de son inépuisable richesse informationnelle. La *grande conscience* est bien supérieure à l'esprit conscient que nous adulons tant dans le monde occidental. Nous ferions bien désormais de prêter plus d'attention à la *grande conscience* car elle a toujours une bonne longueur d'avance sur notre esprit conscient et cet aspect est très intéressant dans le domaine de l'innovation.

2. La *grande conscience* est nettement supérieure à l'esprit conscient pour la prévision du futur

Dans l'état de veille, nous avons tous une grande prédisposition à passer notre temps à nous projeter dans le futur ou à vivre dans le passé. Pour ces projections nous utilisons les possibilités que nous offre notre esprit conscient. La *grande conscience* peut se projeter dans le passé et le futur avec une amplitude sans commune mesure avec celle de l'esprit conscient. Pour la *grande conscience*, le temps et l'espace existent aussi, mais n'obéissent pas toujours aux mêmes lois que celles qui régissent l'espace-temps dans le monde réel. Dans ce domaine, il est difficile de distinguer nettement entre ce qui appartient au monde intangible des rêves **et ce qui provient de la réalité qui nous entoure. Très particulièrement dans ce domaine, il y a une imbrication du visible et de l'invisible qui fausse toutes nos classifications de l'état de veille. Nous allons donc faire de notre mieux pour expliquer clairement la notion d'espace-temps dans le rêve.**

L'espace onirique:

Nos rêves sont fortement imprégnés des informations qui sont autour de nous dans notre monde physique. Cependant, vous verrez qu'ils contiennent aussi des informations provenant de lieux parfois très éloignés. Notre corps est capable de capter des informations émanant de personnes qui peuvent se trouver par exemple dans un autre pays. Dans ce cas, la loi de l'espace matériel peut être inopérante. Ce sont d'autres lois qui sont effectives, par exemple: la loi d'affinité, la loi énergétique, la loi de la pensée, la loi des sentiments, etc... Lorsqu'il nous arrive, par exemple, de capter des informations sur des personnes qui sont très loin de nous dans l'espace, ces personnes sont en réalité proches de nous d'une manière où d'une autre. Cette proximité peut être affective, énergétique, où tout simplement la personne a pensé à nous et notre corps a capté cette pensée. La pensée (émotionnellement chargée) semble voyager plus vite que la lumière. Ceci s'observe facilement à travers le journal de rêve et de réalité. Dans la littérature il existe aussi de nombreux témoignages à ce sujet. Par exemple, dans son autobiographie, l'écrivain Nina BERBEROVA a affirmé qu'elle avait pu, dans un rêve, percevoir à distance les circonstances de la mort de ses parents dont elle était alors éloignée.[36] Notre corps est capable de percevoir à distance des événements qui sont en train de se produire et qui ont un lien avec nous. Les rêves ne nous permettent pas seulement de défier les lois de l'espace, ils nous permettent aussi d'avoir accès au futur et au passé. Cette possibilité présente un intérêt indéniable pour la recherche.

Le temps onirique: la connaissance du passé et la prédiction du futur dans les rêves

Ici encore, il est difficile de faire la part des choses entre le temps onirique et le temps "matériel", car ces deux temps s'interpénètrent. En observant simultanément vos rêves et votre réalité, vous verrez que vos rêves contiennent des informations sur votre présent immédiat, sur le passé proche ou lointain, et sur le futur. Nous allons essayer d'expliquer pourquoi nous pouvons avoir accès en rêve à ce genre d'informations. Les rêves sur le passé sont assez faciles à admettre d'un point de vue rationnel. Il n'en va pas de même pour les rêves dits prémonitoires.

a) Le passé dans les rêves:

Vous verrez à travers votre auto observation que certains rêves contiennent des informations sur des événements déjà passés dont vous ne pouviez pas avoir eu consciemment connaissance. Par exemple, un événement s'est produit deux semaines auparavant et vous en avez connaissance deux semaines plus tard en rêve. Dans ce cas, c'est comme si l'information captée en temps réel par la *grande conscience* n'avait pu accéder à votre esprit conscient que deux semaines plus tard. Vous verrez aussi qu'en rêve vous pouvez accéder à des informations sur vos ancêtres, même ceux morts il y a très longtemps. Dans ce cas, nous accédons probablement à la mémoire de notre corps qui contient quelque chose de tous les êtres qui nous ont précédés et ont contribué à sa formation. Ce que les psychologues appellent la mémoire transgénérationnelle serait peut-être stocké dans notre propre corps physique.

A travers l'étude des liens entre le rêve et la réalité, vous verrez aussi que vous pouvez accéder à une mémoire collective beaucoup plus étendue que celle qui est matériellement manifestée par les moyens modernes de conservation de l'information humaine. Vous pourrez y puiser des informations sur le passé de l'humanité, et les informations sur le présent qui sont parfois étouffées par les pouvoirs en place. Dans le monde informationnel intangible personne ne peut bloquer le flot informationnel. Il n'y a ni journalistes, ni pouvoir politiques vous empêchant de savoir ce que vous voulez savoir. Accéder aux informations que vous désirez ne dépend que de vous-même. Il existe une mémoire psychique collective ou pour utiliser le langage de Karl Gustav JUNG: un inconscient collectif. Certaines traditions spirituelles enseignent qu'il existe une mémoire collective de l'humanité: la mémoire akashique. Selon ces traditions, certaines personnes parviennent à accéder consciemment ou en état de rêve à la mémoire akashique. Dans les vignettes des livres des morts des anciens Égyptiens la mémoire du monde est symbolisée par le dieu Thot, qui lorsqu'il se tient près de la balance de la Justice prend des notes sur une palette.[37] Les progrès de l'informatique rendent finalement l'existence de ce type de mémoire tout à fait réaliste. Ne sommes-nous pas devenus capables de stocker des quantités de plus en plus grandes d'informations sur des supports de plus en plus petits? Nos corps eux-mêmes ne sont pas seulement matériels, ils sont aussi des stockeurs-émetteurs-récepteurs d'information intangible et d'énergie. Il y a certainement des "supports naturels" que nous ne connaissons pas et qui enregistrent toutes sortes d'informations. La connaissance d'événements du passé peut donc s'expliquer relativement aisément tandis que l'accès au futur semble à première vue tout à fait étrange.

b) Le futur dans les rêves:

Etant donné l'habitude que nous avons de notre espace-temps, cela peut paraître beaucoup plus difficile d'admettre que nous puissions accéder à des informations sur le futur. Cela semble "paranormal" ou "merveilleux" ou tout à fait impossible. Pourtant, vous vous apercevrez bien vite à travers le travail d'observation des rêves et de la réalité, que rêver en avance des événements futurs est tout à fait banal et courant.[38] Vous remarquerez aussi que parfois vous rêvez en avance de choses sans importance. En fait, nous faisons tous chaque nuit des rêves prémonitoires pour la bonne raison que nous ne vivons pas nos vies dans le sens communément admis. Communément, nous croyons que la part la plus importante de la vie et la plus décisive est la vie éveillée. En fait, c'est tout le contraire et cela pour tout le monde. La part la plus importante de notre vie individuelle et collective a lieu pendant le sommeil. C'est à l'état de rêve que les êtres humains communiquent de la manière la plus intense les uns avec les autres. Jusqu'à ce jour, la science ne sait pas à quoi sert le rêve mais elle sait que privé de rêve l'être humain ne peut pas vivre. A tel point que Descartes aurait eu mieux fait de dire "Je rêve, donc je suis". Chaque nuit, dans les cerveaux des êtres humains se programme en réseau la journée qui va suivre et aussi certains événements importants dans le plus long terme. L'observation des liens entre le rêve et la réalité démontre que dans la vie éveillée, nous ne faisons que manifester individuellement et collectivement ce qui a été programmé dans nos cerveaux pendant le sommeil. Cette programmation opère chez tous les êtres vivants même chez ceux qui ne gardent aucun souvenir conscient de leurs rêves. Une chose ressort très fortement à travers l'étude rêve-réalité: nous nous trompons absolument lorsque nous croyons que c'est l'esprit conscient qui mène tout le temps la barque! Même les personnes les plus fermées à leur vie intérieure vivent sous l'emprise de la programmation nocturne de leur cerveau. Les autres, plus ouvertes tirent un meilleur parti de ce processus et sont parfois capables de percevoir de manière consciente le futur qui s'annonce pour elles. Etant donné que certaines informations sur le futur parviennent à l'esprit conscient à travers des rêves clairs et précis, l'humanité a toujours su que les rêves peuvent "prédire l'avenir". C'est essentiellement cette faculté onirique qui intéressait les Anciens. Ils considéraient cependant que les rêves prémonitoires étaient envoyés par les dieux et attendaient bien patiemment leur divine intervention.[39] De nos jours, les rêves prémonitoires sont encore considérés par la plupart des gens, comme des événements merveilleux, de nature paranormale ou divine et ils sont niés par la science qui serait pourtant la première a pouvoir en tirer un grand bénéfice. Ceux qui osent parler de leurs rêves prémonitoires dans certains cercles, sont ridiculisés par des personnes totalement ignorantes de leur propre monde onirique. Pourtant, prédire le futur est une faculté tout à fait naturelle de notre cerveau. Elle existe déjà à l'état de veille et tout le monde l'utilise naturellement. Elle se trouve simplement considérablement amplifiée au cours du processus onirique.

La littérature ancienne et moderne abonde en témoignages sur la possibilité de connaître l'avenir à travers les rêves.[40] Comment pouvons-nous expliquer l'existence de cette faculté naturelle de connaître l'avenir? Nous pouvons comprendre ce phénomène en le comparant à ce qui se passe dans la vie éveillée. Dans la réalité, personne ne s'étonne du fait que vous puissiez prévoir que dans le futur, tel jour à telle heure, vous ferez telle chose, pour la simple raison que vous l'avez décidé seul ou en accord avec d'autres personnes. La *grande conscience* fait exactement la même chose, mais comme elle a accès à beaucoup plus d'informations que la *petite conscience* elle est capable d'organiser le futur avec beaucoup plus d'avance et beaucoup plus de précision. Lorsque vous aurez travaillé assez longtemps sur vos rêves et votre réalité, et que vous aurez décodé l'essentiel de vos propres symboles oniriques, vous pourrez constater que certains événements sont annoncés parfois dix ans plus tôt, de manière parfois claire et précise dans les rêves. Cependant, la plupart des événements courants apparaissent dans les rêves peu de temps avant leur manifestation dans la réalité. Les rêves préparent constamment la vie diurne, mais peu de personnes sont conscientes de cet état de choses, car elles n'ont pas appris à décrypter leur propre code onirique. De ce fait, elles ne bénéficient que de quelques rêves clairs et précis sur leur futur, et passent à côté de tous les autres rêves prémonitoires parce qu'elles n'ont pas appris à décoder leur langage onirique. Connaître votre propre langue onirique grâce à l'observation simultanée de vos rêves et de votre réalité, vous donnera un avantage inestimable pour vous guider dans l'existence et orienter vos recherches scientifiques. Cela va vous aider à saisir des occasions, à prendre de bonnes décisions, à surmonter des obstacles et vous éviterez bien des écueils. Pour pouvoir tirer un bon parti du processus onirique pour connaître le futur, il faut apprendre à distinguer les rêves prémonitoires d'autres rêves tels que les rêves d'accomplissement de désir, les rêves de "digestion" d'informations, les rêves psychologiques, les rêves "des autres", et les cauchemars récurrents, dus à des traumatismes. Ces cauchemars mettent en scène des catastrophes qui ne se produisent jamais. Freud avait en partie raison lorsqu'il estimait que les rêves sont des accomplissements de désirs. En effet, de tels rêves se produisent fréquemment. En conséquence si vous désirez très fort quelque chose, ne prenez pas vos rêves d'accomplissement de désir pour des rêves prémonitoires. Dans ce cas, vous seriez très déçus. J'ai observé que lorsque je souhaite ardemment quelque chose, mes rêves ne me sont pas d'un grand secours pour connaître l'avenir sur ce point. Je manque du détachement nécessaire et de ce fait, mon esprit conscient forme des rêves d'accomplissements de désirs, qui ne proviennent donc pas de ma *grande conscience*. Dans ce cas, je demande à mes proches de m'aider en me racontant leurs rêves. N'étant pas envahi par un vif désir, l'esprit conscient de mes proches est plus ouvert pour recevoir des messages de ma *grande conscience*, et ils rêvent la réponse pour moi. C'est comme si leur plus grande neutralité leur permettait de mieux capter l'information qui me concerne et que je porte en moi et autour de moi, alors que mon vif désir fait obstacle au passage de l'information dans mon esprit conscient. Vous verrez en observant vos rêves et votre réalité, que certains rêves sont simplement des créations de votre *petite conscience*, avec toutes ses limitations. Plus nous acquérons de détachement et de neutralité par rapport à notre propre vie et plus nous y voyons clair sur le passé, le présent et l'avenir, à travers les rêves et aussi dans la réalité. Mais être détaché et neutre, ce n'est pas toujours facile!

Par ailleurs, certaines personnes font des cauchemars récurrents de catastrophes qui ne se produisent jamais. Si vous êtes dans ce cas, il est intéressant de faire un travail sur vos rêves et votre réalité. D'abord pour vous rassurer sur le caractère non prémonitoire de ces rêves, puis pour tirer parti de ce phénomène pour accéder aux traumatismes parfois très anciens qui les ont formés. Selon des recherches effectuées par des psychologues et groupe analystes, des traumatismes peuvent se transmettre à travers plusieurs générations.[41] Ils réapparaissent dans des cauchemars récurrents dénués de liens avec la vie réelle du rêveur. En général, ces cauchemars se répètent avec un même thème émotif et des décors différents.

Certains rêveurs ressentent une grande frayeur, d'autres une grande angoisse. Si vous êtes sujet à ce genre de cauchemars, apprenez à bien les repérer, car vous pouvez en tirer un excellent parti au lieu d'en subir les inconvénients. Les cauchemars récurrents sont liés à d'importants potentiels énergétiques. S'en libérer permet d'utiliser ces potentiels énergétiques pour être plus créatif. De même, démêler l'écheveau de mémoires traumatiques permet aux individus souffrant de traumatismes transgénérationnels, d'accéder à des informations qui appartiennent parfois à un passé très lointain de l'humanité. L'observation simultanée du rêve et de la réalité vous sera très précieuse. Avec le temps, vous vous apercevrez que ce sont certains événements de votre réalité, un état de stress ou une période d'isolement, qui réactivent ces traumatismes inconnus de votre esprit conscient. La dernière chose dont je voudrais parler avant de terminer sur le thème du futur dans les rêves, c'est la fatalité.

c) Seul le passé est immuable pas le futur:

Nous allons ici reprendre la même comparaison que celle que nous avons utilisée pour expliquer pourquoi les rêves prédisent le futur. Nous avons vu que l'esprit conscient prédit le futur et que personne ne s'en étonne. Nous avons vu aussi que la différence entre l'esprit conscient et la *grande conscience* dans leur fonction de prédiction du futur tient à ce que la *grande conscience* se base sur beaucoup plus d'informations que la *petite conscience* pour organiser le futur. Elle peut donc prévoir beaucoup plus loin dans le temps. Il arrive que votre esprit conscient ait prévu un futur qui finalement ne se réalisera pas. Par exemple, le lundi, vous avez pris un rendez-vous pour le samedi suivant et vous annulez ce rendez-vous le vendredi. Jusqu'au vendredi, vous connaissiez votre avenir par rapport à votre journée de samedi, et pourtant cette prédiction consciente ne s'est pas réalisée. La même chose peut arriver pour ce qui concerne les prédictions de la *grande conscience.* Elle peut changer d'avis et vous pouvez aussi lui faire changer d'avis. C'est la raison pour laquelle, quoi que vos rêves annoncent, ne soyez pas fatalistes et résignés. Si les rêves influencent la réalité, la réalité influence aussi les rêves et il est toujours temps, lorsque nous sommes informés en rêve que des choses ne vont pas comme il faudrait, de prendre les mesures adéquates dans la réalité pour arranger cette situation ou éviter certains événements dont les rêves nous préviennent. Dans la plupart des cas, nous sommes libres de changer notre réalité. Je vais à présent expliquer comment, au lieu de rester passif, obtenir de votre *grande conscience* les informations que vous souhaitez. Tout le travail personnel que vous aurez accompli vous permettra de provoquer volontairement l'apparition d'idées nouvelles au lieu de compter seulement sur le hasard ou la chance.

CHAPITRE 4

Une méthode unique pour accéder à des idées nouvelles

L'ingénierie inverse du codage de l'inconscient est une puissante clef d'accès à l'information inconsciente

Lorsque vous aurez décodé l'essentiel de votre langage onirique, vous posséderez un outil d'une efficacité remarquable pour comprendre vos rêves et pour communiquer plus efficacement avec votre *grande conscience.* En effet, vous pourrez lui parler dans sa propre langue symbolique et mieux faire passer les messages. Il est logique, si nous y réfléchissons, que la *grande conscience* doit avoir autant de mal à nous comprendre que nous avons de mal à comprendre consciemment le langage de nos rêves. La *grande conscience* et l'esprit conscient ne parlent pas la même langue d'où la difficulté de faire utilement passer des informations de l'un à l'autre. Avec le décodage des rêves, le problème de communication avec la *grande conscience* est réglé. Ayant appris à connaître sa façon de s'exprimer, vous êtes capables de vous faire entendre par elle et lorsqu'elle vous répond vous êtes capable de comprendre sa réponse. Nous avons vu que les rêves sont des intermédiaires entre la *grande conscience* et l'esprit conscient. La logique des rêves ne joue pas seulement dans le sens rêve/réalité mais aussi dans l'autre sens réalité/rêve. En d'autres termes, comme les rêves sont des intermédiaires, nous pouvons les utiliser dans les deux sens, c'est-à-dire:

- de la *grande conscience* vers la *petite conscience*, par exemple lorsque nous savons décoder le sens de nos rêves. (schéma n° 9)

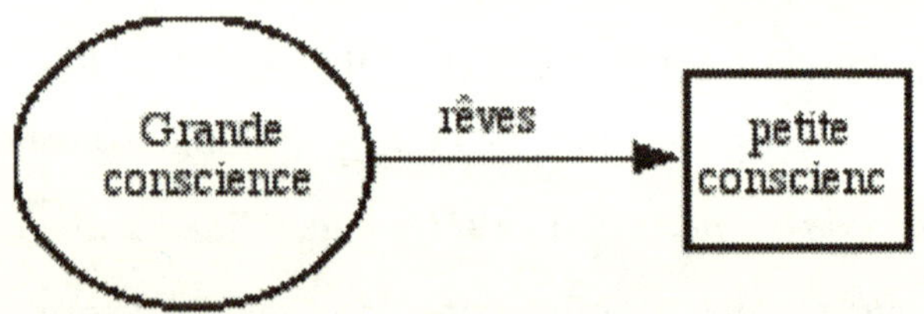

- de la petite conscience vers la *grande conscience*, lorsque nous désirons obtenir en rêve une réponse à une question. (schéma n° 10)

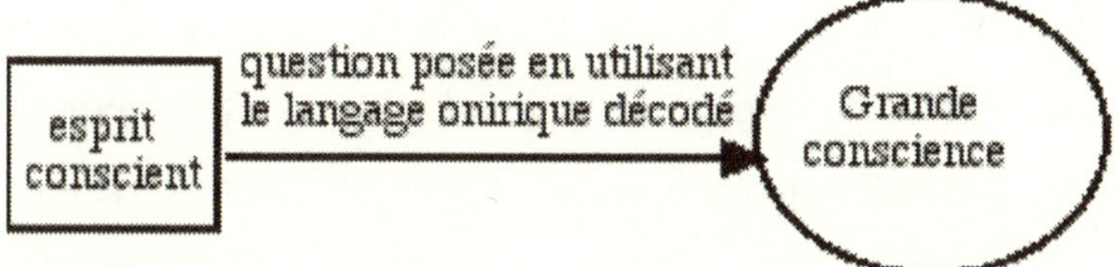

Au cours des expériences que j'ai réalisées sur mon propre processus onirique, j'ai eu l'idée de poser à ma *grande conscience* des questions dans son propre langage, c'est-à-dire dans mon langage onirique que j'avais préalablement décodé. En clair, avant de m'endormir, je me pose une question en utilisant le "vocabulaire" de mes rêves. J'ai observé qu'agir ainsi démultiplie considérablement mes chances d'obtenir une réponse précise en rêve aux questions que je me pose. De fait, c'est une des découvertes les plus utiles que j'ai réalisées sur le processus onirique. Je vais prendre pour cela un exemple concret et d'actualité, étant donné le marché actuel de l'emploi, puis l'exemple de la recherche scientifique. Si quelqu'un a décodé que dans son langage onirique "le chapeau" est le symbole le plus utilisé par sa *grande conscience* pour représenter son emploi, cette personne pourra utiliser ce symbole dans l'autre sens (de la *petite conscience* vers la *grande conscience*) en l'intégrant à une question posée à elle-même avant de s'endormir, telle: "Vais-je changer de chapeau?". J'ai observé que la question est d'autant plus efficacement posée qu'on forme les images du symbole mentalement et qu'on la pose "du fond du coeur", ce qui la charge d'émotion, c'est-à-dire d'énergie. Dans ce cas, la *grande conscience* peut répondre par un rêve qui soit utilise le même symbole que celui contenu dans la question, soit utilise d'autres symboles que vous avez aussi appris à décoder. Dans tous les cas, utiliser votre langage onirique préalablement décodé pour poser des questions à votre *grande conscience*, c'est démultiplier vos chances de communiquer efficacement avec elle et de ce fait de recevoir une réponse appropriée. Si les scientifiques savaient cela, ils pourraient être beaucoup plus efficaces dans leurs travaux. Si les chercheurs apprenaient à observer leur processus onirique, ils pourraient utiliser leur langage onirique décodé pour demander à leur *grande conscience* des réponses à des questions qu'ils se posent. Ils pourraient mieux se guider intuitivement dans leurs expériences et pourraient mieux comprendre des choses qui sont impossibles à comprendre d'un point de vue matérialiste uniquement. Cela permettrait d'accélérer le rythme des découvertes scientifiques. Je m'amuse beaucoup de constater qu'en France nous n'avons pas un centre national de découvertes scientifiques, mais seulement un CNRS ou centre National de Recherche Scientifique. Ce centre emploie des gens généralement "trop sérieux" pour s'intéresser à leurs rêves. Ils n'ont pas de temps pour cela, car ils passent beaucoup trop de temps en recherches infructueuses. Hélas, dans le monde scientifique il y a encore trop peu de personnes qui ont développé leur intuition ou qui prêtent un peu attention à leurs rêves. Pourtant, pour créer il faut d'abord oser rêver. Heureusement, quelques chercheurs, parmi les plus renommés, ont fait part du rôle joué par les rêves dans leurs découvertes.[42] Ces chercheurs estiment que la pensée logique seule ne conduit pas aux grandes découvertes scientifiques, pour cela il faut autre chose en plus. Ils pensent que l'intuition et les rêves sont à l'origine des plus grandes avancées scientifiques. Selon ces chercheurs, le processus mental de la création scientifique se déroule en deux temps. Il y a d'abord une idée, une intuition ou un rêve, puis grâce à la logique et à l'expérimentation on teste ces idées nouvelles et on les manifeste dans la réalité. Bien que trop rares, les rêves inventifs ont toujours existé, mais peu de chercheurs modernes osent en parler, à cause du tabou qui règne sur les facultés non rationnelles dans le monde scientifique. L'attitude générale du grand public et des scientifiques eux-mêmes vis à vis du rêve inventif est tout à fait irrationnelle. Le rêve de découverte lorsqu'il est reconnu est attribué comme dans le passé lointain de l'humanité à une sorte d'intervention divine appelée aujourd'hui le "hasard" ou la "chance". Personne ne cherche à comprendre ce qui s'est réellement passé dans l'esprit de l'heureux découvreur. Or, si nous regardons de plus près, une idée nouvelle n'est jamais le fruit du hasard, elle résulte nécessairement d'un ensemble de circonstances favorables à sa survenue. *A contrario*, le maigre nombre de rêves de découvertes résulte d'un certain nombre de conditions défavorables à la découverte. Si les chercheurs développaient leur compétence onirique, ils pourraient comprendre quels sont les obstacles à leur propre créativité et quelles sont les circonstances les plus favorables. Ils pourraient aussi interroger leur *grande conscience* dans son propre langage pour obtenir des idées nouvelles. Ainsi, ils seraient en mesure de puiser de manière sélective et efficace à une source d'informations beaucoup plus ample que celle à laquelle peut avoir accès leur esprit conscient. L'esprit conscient est très utile dans le domaine scientifique, mais il serait bien plus performant s'il était guidé par la *grande conscience.* Les qualités de l'esprit conscient sont indispensables pour mener à bien des travaux de recherches scientifiques. Cependant, coupé de la *grande conscience*, l'esprit conscient est beaucoup moins performant. Pour illustrer cela nous allons prendre l'exemple qui suit. Dans le domaine de la recherche scientifique la démarche de l'esprit conscient serait comparable à celle de quelqu'un qui chercherait un livre dans les fichiers manuels de toutes les bibliothèques du monde. Tandis que la démarche de la *grande conscience* serait, elle, comparable à celle de quelqu'un qui ferait la même recherche dans Google et trouverait la réponse en quelques minutes. Avant de pouvoir communiquer efficacement avec votre *grande conscience* pour obtenir les réponses aux questions que vous vous posez, il vous faudra un certain temps de pratique et une "hygiène onirique" comme nous l'expliquerons dans le chapitre suivant qui explique comment se mettre dans les meilleures conditions pour faire des rêves inventifs.

CHAPITRE 5

Les meilleures conditions pour que les chercheurs puissent faire des rêves inventifs

Bien que le rêve de création ait toujours existé, peu d'êtres humains en font et peu de scientifiques osent en parler. Nous l'avons particulièrement rencontré chez les inventeurs qui, eux n'hésitent pas à parler de ce phénomène. Mais aucune investigation sérieuse le concernant n'avait été réalisée jusqu'à présent. Nous avons pensé qu'au lieu d'attendre qu'un rêve de découverte veuille bien se manifester comme cela a toujours été le cas, il valait mieux rechercher ce qui provoque l'apparition de tels rêves et ce qui l'empêche. Nous avons donc déterminé, à travers l'expérience du carnet de rêve et de réalité, les conditions optimales suivantes d'apparition du rêve de découverte. Ceci n'exclut pas la possibilité de faire des rêves inventifs en dehors de ces conditions: la *grande conscience* est un vaste champ de recherches et nous ne connaissons pas encore toutes ses lois de fonctionnement. Voici les règles que devraient suivre ceux qui souhaitent obtenir des rêves inventifs.

1. Travailler le jour dans le domaine dans lequel vous souhaitez faire des découvertes la nuit

Si un individu donné fait un grand rêve inventif relatif par exemple à la biophysique à laquelle il ne connaît rien, il ne pourra pas comprendre son rêve et de ce fait en tirer un quelconque parti. C'est la raison pour laquelle, historiquement, le rêve inventif est généralement fait par des personnes qui poursuivent dans la réalité des recherches, que ce soit à titre personnel ou professionnel, qui sont passionnées par leur sujet et qui prêtent un minimum d'attention à leurs rêves. Par exemple, Karl Gustav Jung travaillait dans un domaine qui était sa vocation et prêtait attention à ses rêves ; il avait donc de nombreuses chances de faire des rêves de création. Karl Gustav JUNG a affirmé à propos de ses recherches:

> *"Mes idées sur le centre et sur le Soi me furent confirmées plus tard, en 1927, par un rêve".*[43]

En outre, un rêve, dans lequel il se voyait parler à un public beaucoup plus large que son public habituel, lui communiqua l'idée de son ouvrage *Essai d'exploration de l'inconscient* écrit à la fin de sa vie et considéré comme son testament accessible aux non-initiés aux théories psychanalytiques. Dans cet ouvrage, il cite l'exemple du romancier Robert Louis Stevenson qui:

> *"....ayant cherché pendant des années une histoire qui exprimerait le sentiment profond qu'il avait d'une double personnalité de l'être humain, Le docteur Jekyll et Mr Hyde, lui fut soudain révélé en rêve".*[44]

2. Ne pas entraver le bon fonctionnement du cerveau

Pour faire des rêves de découvertes, ou des rêves tout court, il faut respecter le principe de "respiration" du corps humain. Tout dans la nature est alternance: l'inspiration et l'expiration, le jour et la nuit. Pour que l'esprit conscient puisse utilement recevoir les informations de la *grande conscience* il faut éviter de le surcharger d'informations. Sinon il utilisera tout le temps de sa nuit à "digérer" ces informations et ses "rêves" seront d'une autre qualité, qui n'aura rien à voir avec les rêves de la *grande conscience*. Quand nous regardons trop la télévision par exemple, nos rêves au lieu de provenir de la *grande conscience* sont un simple bric-à-brac de tout ce que nous avons emmagasiné dans la journée et que notre cerveau est en train de traiter. Cela n'a rien à voir avec l'accès à notre *grande conscience*. Ceci implique qu'un chercheur voulant être inventif doit impérativement se ménager des temps de "digestion" de sa réalité. A défaut, il entrave la communication entre la *grande conscience* et la *petite conscience* et se prive de l'accès à la plus neutre et à la plus riche source d'informations à sa portée. La plus riche, parce que comme vous le constaterez rapidement à travers votre propre enquête sur le lien entre les rêves et la réalité, elle ne connaît pas les limites du temps et de l'espace, qui appartiennent à notre corps physique seulement. Ce dernier, tout en étant soumis aux limites de l'espace-temps, n'en sert pas moins de vecteur nécessaire de communication avec le savoir sans limites de la *grande conscience*. Par conséquent, pour pouvoir accéder efficacement à ce savoir il convient d'apprendre à bien se servir des propriétés émettrices et réceptrices du corps. La constatation la plus importante que j'ai faite à ce sujet à travers mes longues années d'observation et d'expérimentation, c'est que plus une personne a d'énergie vitale plus elle a de chances d'accéder à des idées nouvelles. D'où l'importance d'apprendre à avoir le plus possible d'énergie vitale. Sans même faire l'expérience des relations entre le rêve et la réalité vous pouvez *a contrario* constater autour de vous qu'il est très rare que les personnes dépressives aient autre chose que "des idées noires".

3. Avoir le plus possible d'énergie:

Le potentiel créatif des individus est étroitement lié à leur énergie vitale. Le travail d'observation du processus onirique permet d'augmenter ce potentiel pour de multiples raisons. Il permet de régler des problèmes psychologiques qui bloquent la circulation énergétique dans le corps, de prendre conscience des atteintes diverses à l'énergie psychique et d'apprendre à y remédier. Il permet aussi de mieux connaître nos propres mécanismes de recharge énergétique. En effet, à travers l'observation des relations entre le rêve et la réalité, vous pourrez constater très clairement les fluctuations de votre énergie vitale. Une vitalité optimale se traduit par des rêves colorés, lumineux et joyeux, tandis que la fatigue et le stress tendent à rendre les rêves plus ternes. En observant les fluctuations de votre énergie, vous pourrez apprendre à déceler ce qui dans votre vie éveillée favorise une haute énergie vitale et ce qui au contraire sape votre vitalité. Il n'est pas bon par exemple de passer du temps dans certains endroits dont l'énergie n'est pas favorable à la vie. Et là, vous constaterez avec beaucoup d'étonnement que votre esprit conscient et votre *grande conscience* n'ont pas du tout les mêmes critères d'appréciation de la "beauté" des lieux. La connaissance des relations entre le rêve et la réalité vous permettra de savoir mieux utiliser les propriétés réceptrices de votre corps.

4. Apprendre à mieux utiliser les propriétés réceptrices de votre corps

Notre corps physique est un laboratoire soumis aux lois du temps et de l'espace. Pourtant, comme il fonctionne à la charnière du monde matériel et immatériel, il peut aussi nous libérer de ses propres limites, celles du temps et de l'espace. Pour que notre corps soit un instrument efficace, il faut le respecter. En ce qui concerne le rêve, il importe de ne pas être en état de grande fatigue (quand nous sommes trop fatigués, nous oublions nos rêves), il faut dormir suffisamment. Si vous cherchez avec acharnement et sans résultat la réponse à une question. Au lieu de vous surcharger de travail, prenez donc du recul en dormant plus longtemps. Les chercheurs devraient faire régulièrement de très grasses matinées, car les idées nouvelles qui ont le plus de chances d'accéder clairement à la conscience diurne sont celles des rêves du matin. Une technique efficace consiste à se rendormir immédiatement le matin après la sonnerie de votre réveil. Cela démultiplie les possibilités d'obtenir des rêves inventifs clairs. Il est clair bien sûr, qu'il vaut mieux dormir dans les meilleures conditions possible: un bon lit, une pièce bien aérée et le calme vous donneront les meilleures chances de faire des rêves inventifs. Les chercheurs qui dorment avec une autre personne et qui vivent en famille, ne devraient pas manquer de demander à leurs proches de raconter leurs rêves. Ils verront que bien souvent les rêves de leurs proches répondent précisément à leurs questions car ils partagent le même bain informationnel. Le milieu informationnel dans lequel vit notre corps est très important concernant les possibilités d'accès à certains types d'informations. De ce fait, il faut apprendre à déceler les bains informationnels défavorables à l'inventivité et s'en affranchir.

5. L'importance des bains informationnels

Il existe des bains informationnels très isolants et très forts qui émanent de groupes d'individus et des lieux dans lesquels ils se réunissent. Le travail sur le rêve et la réalité vous apprendra à déceler ces bains informationnels défavorables à votre créativité. Les connaissant, vous pourrez sortir des milieux informationnels qui font écran à la réception d'informations nouvelles et vous placer dans de bien meilleures conditions. Prenons l'exemple de la recherche scientifique: voici le "portrait-type" d'un chercheur.

Schéma d'un chercheur (schéma n°11)

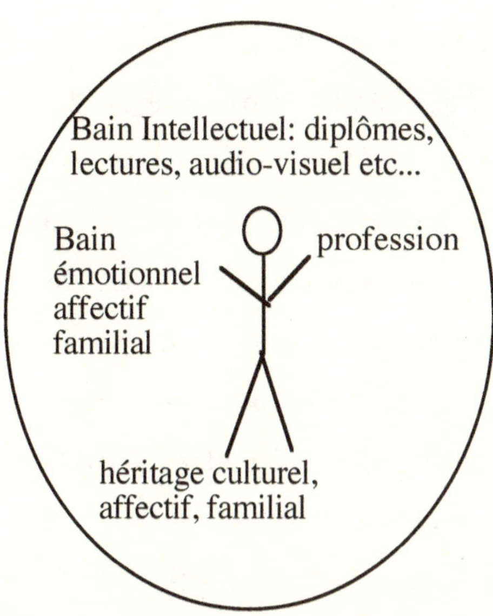

Cette personne vit dans une “bulle informationnelle” qui contient toutes les informations qui le concernent: histoire familiale, vie psychique, énergie vitale, émotions, et vie intellectuelle. C’est ce que nous appelons son ambiance.

D’une manière générale, tous les chercheurs d’une équipe se ressemblent énormément du point de vue de leur bagage informationnel et de leur structure mentale. Ceci est logique dans la mesure où ils sont recrutés selon des critères bien précis qui donnent une certaine homogénéité à une équipe. La sélection est opérée sur la base de compétences appartenant essentiellement au cerveau gauche, analytique et rationnel et sanctionnées par un même type de diplôme. Ces critères de sélection ne tiennent pas du tout compte des capacités intuitives des chercheurs. L'homogénéité ainsi établie crée un bain informationnel défavorable au succès de l'équipe de recherche dont les membres auront beaucoup de mal à s'abstraire de ce bain informationnel trop puissant pour aller puiser l'inspiration et les idées nouvelles nécessaires au succès des recherches. A tel point que si les chercheurs n'avaient pas de vie personnelle et dormaient tous ensemble, ils auraient des chances presque nulles d'inventer quoi que ce soit. Ce phénomène explique en grande partie la "routine" intellectuelle dans de nombreux domaines. Voici schématiquement une équipe de recherche et son bain informationnel.

Equipe de recherche (schéma n°12):

En pratique lorsqu'une telle équipe de recherche est constituée cela crée un bain informationnel homogène et puissant, au plan des idées, qui fait office d'écran infranchissable pour accéder en rêve à des idées nouvelles. Le phénomène en cause est très simple et très facile à observer à travers la méthode de travail que je vous ai décrite. Autant l'esprit conscient a tendance à être prisonnier de l'éducation intellectuelle, culturelle, spirituelle qu'il a reçue; autant la *grande conscience* est sous l'emprise du bain informationnel. Cette emprise dure un temps proportionnel au temps d'immersion de notre corps dans un bain informationnel donné.

Lorsque le Mathématicien Laurent Schwartz considère:

> *"...qu'un des aspects essentiels de la découverte est la levée des inhibitions. L'inhibition vient de notre propre architecture [il s'agit de l'architecture mentale] que nous ne pouvons pas démolir".*[45]

Nous mesurons l'importance de sortir de bains informationnels homogènes pour lever toutes les inhibitions conscientes et inconscientes à la découverte.

Il ressort de mes observations que notre corps physique placé dans un bain informationnel donné se charge temporairement de l'énergie et de l'information des lieux. Toutes ces particularités des lieux sont enregistrées par notre *grande conscience* qui communique une partie de cette information à notre esprit conscient par l'intermédiaire des rêves. Cette constatation est importante pour la recherche. Elle implique que pour accéder à des idées nouvelles, les chercheurs feraient bien de s'éloigner régulièrement de leur équipe habituelle. Le bain informationnel des équipes de recherches modernes qui sont trop homogènes forme un écran puissant à l'accès à de nouvelles idées.

Schéma n°13 sortie du bain informationnel-écran

Il faudrait complètement revoir notre conception de l'organisation de la recherche. Ceci dit, sortir des bains informationnels qui font obstacle à la découverte n'est pas suffisant. Il faut en outre que le chercheur se place dans un bain informationnel différent mais lui aussi apte à le maintenir en phase avec ses recherches. Le travail personnel sur les connexions entre le rêve et la réalité permet de déceler quels sont pour chaque personne ces environnements favorables ou défavorables. Certains lieux, certaines personnes, ou la solitude permettent au rêveur d'avoir accès à des bains informationnels particuliers. Le carnet de rêve et de réalité permettra à chaque rêveur d'observer ce qui le "déconnecte complètement" de ses objectifs et de sa sphère d'activités ou ce qui "le branche" et favorise donc le rêve de découverte. Ici, il n'existe pas de loi unique et absolue, les situations sont aussi variées que les êtres humains et le carnet de rêve et de réalité est actuellement l'instrument d'investigation le plus sûr à notre disposition car aucun instrument scientifique ne permet de mesurer l'énergie psychique des lieux et le niveau de vitalité des individus. Le travail sur les relations entre le rêve et la réalité demande certes du temps et de l'attention, mais c'est loin d'être du temps perdu.... Le temps passé à travailler sur les rêves et la réalité est largement compensé par le temps gagné dans la vie réelle. L'histoire des sciences montre que chaque fois qu'un chercheur a involontairement réussi à établir une bonne communication entre sa *grande conscience* et son esprit conscient, il a laissé loin derrière lui tous les autres chercheurs, enfermés dans la pauvreté informationnelle et les limites de leur esprit conscient. Alors, pourquoi continuer à vous priver d'un dialogue fructueux avec votre *grande conscience*?

6. Savoir dialoguer avec la *grande conscience*

Nos formations intellectuelles et notre culture ne nous invitent guère à porter attention à nos rêves ; encore moins à leur accorder quelque considération dans l'objectif de les utiliser en tant qu'instruments de découverte et d'innovation. Nous nous privons de ce fait d'une importante source d'informations à laquelle certains chercheurs eurent parfois accès, le temps d'une découverte, de façon tout à fait fortuite. La recherche scientifique pourrait tirer un grand profit de l'utilisation de la *grande conscience.* Au lieu de se contenter de recevoir de temps en temps comme par un heureux hasard une information de la *grande conscience*, ou une intuition, elle devrait adopter une attitude beaucoup plus active qui la mettrait même d'accélérer le progrès scientifique et technique. Plus nous travaillons nos rêves en relation avec la réalité et plus facilement la *grande conscience* communique avec l'esprit conscient. La *grande conscience* est bien plus puissante que l'esprit conscient dans le domaine de l'innovation sous toutes ses formes. Elle va beaucoup plus vite que l'esprit conscient pour trouver des idées nouvelles. Pour résoudre un problème donné, l'esprit conscient va essayer par tâtonnements toutes les solutions et combinaisons possibles. Ce qui implique la nécessité de faire une grande quantité d'expériences et d'utiliser des budgets de recherches impressionnants sans aucune garantie de succès. Ceci est la façon habituelle de travailler dans les laboratoires de recherche. Malgré cela, de temps en temps, il arrive que des chercheurs la plupart du temps isolés (ou aussi des inventeurs) aient une idée géniale qui les conduit droit au but en effectuant d'emblée une expérience qui leur permet d'obtenir rapidement le résultat recherché. Otto LOEWI, par exemple, a rêvé de l'expérience qui lui a permis d'obtenir son prix Nobel.[46]

L'expérience du carnet de rêves et de réalité démontre que la *grande conscience* peut donner directement et rapidement la réponse à une question posée dans "sa langue", mais il peut aussi nous montrer le chemin préliminaire pour y parvenir, nous orienter vers certaines personnes ou certains lieux, ou nous indiquer tout simplement que c'est peine perdue de continuer à chercher certaines informations.

Lorsque le décodage du langage onirique est suffisamment avancé, alors nous pouvons faire office d'interprètes entre la *grande conscience* et l'esprit conscient. Il suffit avant de s'endormir de formuler une demande à la *grande conscience* **dans son propre langage** que nous avons appris à connaître à travers le décodage des rêves.

La circulation d'informations se fait dans deux sens : de la *grande conscience* à l'esprit conscient et de l'esprit conscient à la *grande conscience*, avec le même vecteur:

les rêves. En d'autres termes, une fois que nous aurons compris et décodé le sens particulier de nos rêves, nous pourrons utiliser ces informations d'une part pour comprendre ce que la *grande conscience* nous transmet spontanément à travers les rêves, et d'autre part pour faire comprendre plus efficacement à la *grande conscience* ce que nous voulons savoir d'elle.

7. Etre tolérant vis-à-vis de la grande conscience

Il arrive que la *grande conscience* après avoir été sollicitée dans sa propre langue nous transmette une réponse que notre petit esprit étriqué trouve ridicule et laisse de côté. Combien de fois cela n'arrive-t-il pas qu'une personne présentant une idée nouvelle soit la cible des moqueries de son entourage, ce qui l'incite à ne pas continuer dans cette voie nouvelle que la *grande conscience* lui a suggérée. Lorsque nous notons nos rêves, il faut éviter ce travers de l'esprit rationnel qui a tendance à ridiculiser et à rejeter d'emblée tout ce qui ne correspond pas à ses normes étriquées. Concrètement, pour le travail de décodage des relations entre le rêve et la réalité cela signifie qu'il faut noter tous les rêves, même ceux qui à première vue vous paraissent inutiles et farfelus. Il ne faut pas trier d'emblée vos rêves. De même, il faut systématiquement tester, lorsque la réalité nous en donne les moyens, ce que le rêve nous présente comme une découverte, une idée nouvelle dans un domaine. Plus nous coopérons avec tolérance avec la *grande conscience* et plus celle-ci a tendance à coopérer avec nous. L'inverse se vérifie aussi à travers l'observation des relations entre le rêve et la réalité.

En résumé, pour favoriser l'apparition des rêves de découvertes il faut travailler le jour dans le domaine dans lequel nous voulons faire des découvertes la nuit, savoir placer notre corps dans un environnement informationnel adéquat, dialoguer dans son propre langage avec la *grande conscience* et être conscient de ce qui entrave une bonne communication entre la *grande conscience* et l'esprit conscient. Bien évidemment, il faut dormir suffisamment et dans de bonnes conditions. De même, il ne faut manger très légèrement le soir, car il est bien connu que les digestions difficiles provoquent très souvent des cauchemars. Et pour terminer, il faut savoir que l'angoisse et tous les sentiments négatifs ainsi qu'une mauvaise hygiène de vie contribuent à rendre plus difficile le passage d'informations inventives depuis la *grande conscience* vers l'esprit conscient.

CONCLUSION

L'observation des connexions entre le rêve et la réalité nous a permis de comprendre que la grande majorité des rêves, tout comme la majorité des processus vitaux résulte d'un processus d'échange entre le rêveur et son environnement tangible et intangible. Nous avons souligné le rôle joué par le corps humain dans son ensemble au cours de ces échanges et compris qu'il est possible en observant simultanément le rêve et la réalité d'une même personne de décrypter la signification de son unique langage onirique. En effet, sur une période assez longue il est possible de décoder de manière précise et efficace la plupart des rêves d'une personne, car les mêmes symboles oniriques apparaissent en simultanéité avec un même contexte réel. Il est alors possible d'utiliser ce langage décrypté pour mieux communiquer avec la *grande conscience* et provoquer des rêves inventifs. Pour ce faire, il faut respecter certaines conditions dont nous avons parlé dans cet ouvrage. A l'heure actuelle, les équipes de recherches scientifiques dans le monde entier sont très loin de ces conditions optimales de créativité, dont la plupart du temps elles ne supposent même pas l'existence. Lorsque des équipes de travail scientifique auront décidé de mettre en oeuvre la méthode proposée dans cet ouvrage, elles laisseront loin derrière elle tous les autres chercheurs. Elles permettront d'accélérer significativement le progrès scientifique et technique de l'humanité.

Puisse ce livre contribuer à la multiplication des rêves de découvertes.

BIBLIOGRAPHIE

Approche scientifique, biologique du rêve:
Pour la France, voir le site de l'Université de Lyon 1: http://sommeil.univ-lyon1.fr/index_f.html

CHANGEUX Jean-Pierre, *L'homme neuronal*, Fayard, Paris, 1983

Derek Denton, *L'émergence de la conscience*, Flammarion, 1998

DOSSEY, Larry, *Reinventing Medicine: Beyond Mind-Body To A New Era Of Healing*, New York, Harper Collins, 1999 relate dans ses premiers chapitres toutes les expériences scientifiques réalisées aux Etats-Unis parfois par des institutions prestigieuses comme l'universite d'Harvard, à Boston.

FERGUSON Marilyn, *La révolution du cerveau*, Paris, J'ai Lu, 1973, titre original: *The Brain Revolution.*

JOUVET Michel, *Le sommeil et le rêve*, Paris, O. Jacob, 2000.

KRIPPNER Stanley, RUBIN Daniel, *L'effet Kirlian*, Paris, Sand, 1985

La recherche en intelligence artificielle, Seuil, Collection Points sciences

L'espace et le temps aujourd'hui, Seuil, collection Points Sciences

Revue des Sciences Morales et Politiques, année 1987, voir les discours notamment de Jean Bernard, Jean-Claude Pecker, Laurent Schwartz, François Jacob, Jean Hamburger

SCHWEIZER Marlyse, *Mon corps, est-ce moi?*, Genève, La joie de Lire, 1994

WALLICH, Eric "Qu'est-ce que la conscience", in *UNIVERS SANTE*, N° 7 avril 1996, p. 38

WOODS Ralph L. and GREENHOUSE Herbert B., Editors, *The New World of Dreams*, New York, Macmillan Publishing Co, inc., 1974.
Vous trouverez dans ce livre de nombreux articles écrits par des scientifiques qui ont étudié le sommeil, ses cycles, les effets des drogues, médicaments, alcool et excitants sur le processus onirique, les effets de la privation de sommeil chez l'homme et l'animal, ou la privation du cycle REM du sommeil.

NOTES

[1] JACOB (F). *Revue des Sciences morales et politiques*, Paris, 1987, "Science de jour, science de nuit", p. 59 et ss.

[2] BERNARD (Jean) , " Création scientifique et création artistique "Revue des Sciences morales et politiques, 1987, n° 4 p. 637

[3] François JACOB (biologiste, prix Nobel de Médecine) Revue des sciences morales et politiques "Science de jour, science de nuit", p. 59 et ss.

[4] HAMBURGER (Jean), "De l'art de raisonner en biologie et en médecine, Revue des Sciences morales et politiques, 1987, n° 1 p. 7 et ss.

[5] Revue des sciences morales et politiques 1987, n° 3 p. 325

[6] Cycle de conférences qui ont eu lieu à L'Académie des Sciences Morales et Politiques en France, sur le Processus mental de la création scientifique et reportées dans la: *Revue des Sciences Morales et Politiques*, Paris, 1987, *cf.* les discours notamment de Jean BERNARD, Jean-Claude PECKER, Laurent SCHWARTZ, François JACOB, Jean HAMBURGER.

[7] Sur ce point voir:
http://www.asdreams.org/journal/issues/asdj11-2.htm#Barrett

[8] Voir à ce sujet C.G. JUNG, Essai d'exploration de l'inconscient, Coll. FOLIO ESSAIS, n° 90, p. 61

[9] Sören KIERKEGAARD, *Traité du désespoir*, Traduit du danois par Knud FERLOV et Jean-Jacques GATEAU, Paris, Gallimard, Folio Essais, 1949, p. 61; *cf.*

également p. 87 et p. 89: “Le moi est formé d’infini et de fini “.

[10] Sur la photographie Kirlian voir notes n° 14.

[11] Pour une présentation synthétique de l’acupunture chinoise et de sa philosophie, CHANH Docteur Tran Tien, *L’acupuncture et le Tao*, Meudon, Editions Partage, 1988.

[12] Informations tirées de l’ouvrage de CHANGEUX Jean-Pierre, *NEURONAL MAN, The Biology of Mind*, New York, Oxford, Oxford University Press, 1986, p. 60. Voir sur l’utilisation de l’électroencéphalographe pour les expériences en laboratoire sur le rêve: Ralph L. Woods and Herbert B. Greenhouse, Editors, *The New World of Dreams*, New York, Macmillan Publishing Co, inc., second printing 1974, p. 278. Il permet de mesurer les variations de potentiel électrique du cerveau.

[13] Sur les appareils commercialisés actuellement voir: www.auracamera.com.

[14] Selon Georges HADJO, les recherches en électrographie ont commencé dès 1900 et Semyon KIRLIAN n’était pas au courant des résultats de ses prédécesseurs: CARSTEN en Angleterre et Henri BARADUC et Lodko NARKIEWIEZ à Paris en 1896. *Cf.* son intéressant article sur ce sujet: "L'effet Kirlian", in *Bio Contact*, Gaillac, France, n° 112, Mars 2002, biocontact@wanadoo.fr. *Cf.* LINDGREN C. E. (Editor), *Capturing the Aura: Integrating Science, Technology and Metaphysics*, Blue Dolphin Pub, June 2000; KRIPPNER Stanley and RUBIN Daniel, *Kirlian Aura*, Garden City. N.Y., Doubleday & Co, 1974, en français: Stanley KRIPPNER, Daniel RUBIN, *L’effet Kirlian*, Paris, Sand, 1985. *The Human Aura in Acupuncture and Kirlian Photography* (Social Change Series), By Acupuncture, and Western hemisphere Conference

on Kirlian Phtotography, Gordon and Breach Science Pub; 1974.

[15] Bernard Guérin, *Bioénergétique*, EDP SCIENCES, 2004.

[16] Démocrite pensait que nous captons à travers les pores les images émises par les objets et par les personnes et que ces images transportent des émotions. (voir J.P. DUMONT, *Les Présocratiques*, Paris, Pléïade, Folio Essai, 1988, p. 542, cité par Jackie PIGEAUD dans les commentaires de la traduction de *La Vérité des songes* d'ARISTOTE, *op. cit.*

[17] Les Anciens ne nous ont pas laissé d'études exhaustives de l'interaction matière-immatériel au cours du processus onirique. Ils étaient trop tournés vers la divination et l'interprétation des rêves à des fins pratiques. Il semble de plus que les auteurs, tout comme les autres personnes, négligeaient leur propre auto-observation onirique. Aristote ne semble pas avoir une grande connaissance intime de ce phénomène. Quant à Artémidore très connu pour son Onirocritique (Artémidore, *la Clef des Songes, Onirocritique*, Traduit du grec et présenté par Jean-Yves BORIAUD, Paris, Editions Arléa, 1998), l'introspection ne semble pas avoir été à la base de son expérience. Celle-ci écrit-il, il l'a forgée par le voyage p. 14 "en produisant des faits d'expérience, ainsi que des preuves d'accomplissement". Il écrit (p. 14):

"Pour ma part, il n'est livre d'exégèse onirique que je n'aie acquis, mettant dans cette recherche toute mon ambition; mais, bien que soient décriés les devins des places publiques, dénoncés comme charlatans, imposteurs et bouffons par les gens à la mine grave et au sourcil hautain, méprisant à mon tour ces calomnies, je les ai fréquentés pendant des années,

dans les villes grecques, lors des panégyries, en Asie et en Italie, et dans les îles les plus grandes et les plus peuplées, endurant le récit des rêves d'autrefois et de leurs accomplissements, seul moyen de s'exercer suffisamment dans cette discipline."
Artémidore n'avait pas replacé le phénomène onirique dans un processus vital plus global. Mais il n'est pas le seul, tous les livres sur les rêves anciens ou modernes sont trop focalisés sur le contenu des rêves et manquent d'ouverture aux réalités qui permettraient de mieux comprendre le processus onirique. Dans l'ancienne Egypte comme l'écrit E. A. WALLIS-BUDGE, c'était aussi la divination qui intéressait les gens, et les magiciens égyptiens avaient mis au point des formules magiques pour provoquer des rêves sur le futur, telles celles retrouvées dans le Papyrus n° 122 du Bristish Museum, lignes 64 et suivantes et ligne 359 et suivantes. Voir: E. A. Wallis-Budge, "Dream magic of Ancient Egypt", 129-130, in Ralph L. Woods and Herbert B. Greenhouse, Editors, *The New World of Dreams*, New York, Macmillan Publishing Co, inc., second printing 1974.

[18] En ce sens *cf.* DOSSEY, Larry, *Reinventing Medicine: Beyond Mind-Body To A New Era Of Healing*, New York, Haper Collins, 1999, p. 80, sur le fait que le cerveau agit comme un filtre.

[19] *Cf.* SNOW Chet B., WAMBACH Helen, *op.cit.*, p. 64; et FERGUSON, Marilyn, *La révolution du cerveau*, Paris, J'ai Lu, 1973, Titre original: *The Brain Revolution*, p. 169.

[20] Sur l'effet réducteur de l'esprit conscient tel qu'il transparaît à travers la pratique de l'hypnose voir: Chet B. SNOW, Helen WAMBACH, *Vision du futur de l'humanité, op. cit.*, p. 64.

[21] MOSS Robert, *Dreaming True, op. cit.*, p. xiii.

[22] Sur ce sujet voir: EGGAN Dorothy, "The Culture Shapes the Dream", p. 120-124, in Ralph L. Woods and Herbert B. Greenhouse, Editors, *The New World of Dreams*, New York, Macmillan Publishing Co, inc., second printing 1974.

[23] Par exemple: CHEVALIER Jean, GHEERBRANT Alain, *Dictionnaire des Symboles*, Laffont, Jupiter, collection Bouquins, Paris, 1982.

[24] Expérience d'isolement déconseillée fortement aux personnes dépressives.

[25] Anna MANCINI, *L'Intelligence des Rêves*, Buenos Books International, Paris, 2003

[26] Pour des exemples de rêves qui annoncent la mort ou préviennent d'un danger de mort voir: KELSEY Morton, *Dreams: A Way to Listen to God*, New York/Mahwah, Paulist Press, 1989, p. 13, p.44, p. 72, p. 74 et p.79. Voir aussi: Ralph L. Woods and Herbert B. Greenhouse, Editors, *The New World of Dreams*, New York, Macmillan Publishing Co, inc., second printing 1974, p. 132.

[27] Pour un exemple fameux qui a changé le cours de notre histoire, *cf.* DEE Nerys, *Your Dreams and what They Mean*, London and San Francisco,Thorsons, 1984, p. 28.

[28] GALEN, *On diagnosis from dreams*, Traduction par S. T. OBERHELMAN, J. Histoire médicale 38, 1983, p. 36-47; HIPPOCRATE, *Du Régime*, traduction par R. JOLY, Paris Belles Lettres, 1967.

[29] Mais aussi de trains pour certaines personnes.

[30] DESCARTES, *Discours de la Méthode*, Paris, Edition Garnier Flammarion, 1996, p 208. Voir sur la vie de DESCARTES, RODIS-LEWIS Geneviève, *DESCARTES: biographie*, Paris, Calmann-Lévy, 1995.

[31] Ceci a été aussi observé par Robert MOSS dans *Dreamsgate, op. cit.*, p. 303.

[32] MOSS Robert, *Dreamsgate, op. cit.*, p. 216.

[33] Pour des exemples cités par un médecin américain contemporain voir: DOSSEY, Larry, *Reinventing Medicine: Beyond Mind-Body To A New Era Of Healing*, New York, Haper Collins, 1999, p. 123.

[34] Anna MANCINI, *L'intelligence des Rêves*, Buenos books International, Paris, 2003

[35] Cette expérience est déconseillée aux personnes dépressives.

[36] BERBEROVA Nina, *C'est moi qui souligne*, traduit du Russe par Anne and René MISSLIN, Paris, J'ai lu, p. 447.

[37] Voir par exemple, le Papyrus d'HUNEFER, British Museum, 9901/3.

[38] Cette remarque a aussi été faite par d'autres auteurs voir par exemple: Robert MOSS, *Dreaming True, How to Dream Your Future and Change Your Life for the Bette*r, New York, Pocket Books, September 2000, p. 29 et p. 189.

[39] *Cf.* note n° 26.

[40] L'écrivain Isabel ALLENDE affirme avoir su à l'avance à travers ses rêves qu'elle allait être enceinte et le sexe de l'enfant à venir et elle dit qu'elle utilise à présent cette "faculté" pour sa descendance, ALLENDE Isabel, *Paula, op.cit.*, p. 158. Voir aussi sur les rêves d'annonces de naissances: MALINOWSKI Bronislaw, "The dream is the Cause of the Wish", p.118-119: "Another class of typical dream is concerned with the birth of babies. In these the future mother has a sort of dream annunciation from one of her dead relatives.", in Ralph L. Woods and Herbert B. Greenhouse, Editors, *The New World of Dreams*, New York, Macmillan Publishing Co, inc., second printing 1974, p. 119.

[41] Voir dans les questions-réponses la section cauchemars d'origine psychologique de mon ouvrage déjà cité, *L'intelligence des Rêves.*

[42] Voir par exemple, le cycle de conférences qui ont eu lieu à L'Académie des Sciences Morales et Politiques en France, sur le Processus mental de la création scientifique et reportées dans la: *Revue des Sciences Morales et Politiques,* Paris, 1987, *cf.* les discours notamment de Jean BERNARD, Jean-Claude PECKER, Laurent SCHWARTZ, François JACOB, Jean HAMBURGER.

[43] CG JUNG "Ma vie", Collections Témoins Gallimard, p. 229.

[44]C.G. JUNG, *Essai d'exploration de l'inconscient,* Coll. FOLIO ESSAIS, n° 90, p. 61.

Le psychanalyste C.G. JUNG a écrit à la fin de sa vie l'ouvrage ci-dessus qui est considéré comme son testament ; dans lequel il expose le résultat des observations de toute une vie professionnelle au sujet de l'intuition et du phénomène des rêves. L'auteur écrit: "Beaucoup de philosophes, d'artistes et même de savants, doivent quelques unes de leurs meilleures idées à des inspirations soudaines provenant de l'inconscient." Il donne ensuite des exemples: "le mathématicien Poincaré et le chimiste KéKULé durent de leur propre aveu, d'importantes découvertes à de soudaines images révélatrices surgies de l'inconscient". L'auteur affirme p. 157 du même livre: "Même la physique, la plus rigoureuse des sciences appliquées dépend à un point étonnant de l'intuition, qui agit par l'inconscient...".

[45] Revue des Sciences Morales et Politiques , 1987, n° 3, p. 325 Laurent SCHWARTZ, "De certains processus mentaux dans la découverte en mathématiques".

[46] Derek DENTON, L'émergence de la conscience, Paris, Editions Flammarion, p. 128

Maat,La Philosophie de la Justice de L'Ancienne Egypte, par A. Mancini, aux éditions Buenos Books International www.buenosbooks.fr

ISBN couverture souple: 9782915495287
ISBN couverture rigide toile: 9782915495294
ISBN livre électronique 9782915495300

Du même auteur, aux éditions Buenos Books International

Comment Mieux Comprendre les Anciennes Civilisations
Anna Mancini
www.buenosbooks.fr

ISBN :9782915495317 (couverture souple)
ISBN: 9782915495324 (couverture rigide toile)
ISBN : 9782915495331 (version électronique)

www.ingramcontent.com/pod-product-compliance
Lightning Source LLC
LaVergne TN
LVHW091008080826
845145LV00003B/1181